東京湾岸地域づくり学

日本橋、月島、
豊洲、湾岸地域の
解読とデザイン

志村秀明
著

鹿島出版会

はじめに

東京湾岸地域は、2020年に向けてオリンピック・パラリンピック競技会場の整備が進んでいる。「オリンピック・レガシー」と呼ばれる大会後の施設利用では、個々の施設の活用だけではなく、「地域づくり」という視点が必要である。14もの競技会場が東京湾岸地域に集中して点在していることと、競技会場の周辺では民間企業による多くの開発プロジェクトが進行しているからである。しかし開発だけでは地域づくりにならない。「デザインとは、空間に意味を与えること」であり、開発だけではなく、地域の歴史的文脈や文化まで掘り下げて、その文脈や文化を発信し人々に意識づけすることもデザインである。この建設や開発をしない「見えないデザイン」には、コミュニティづくりやまちづくりといった人々の主体的な活動を育み活発化することも含まれる。すでに存在する建物や公共空間を改善して、人々に親しまれる空間にすることも当然デザインである。

東京湾岸地域は、埋立地なので歴史的文脈や文化に乏しいといわれてしまう代表的な地域でもある。そこであえて、東京湾岸地域での地域づくりを示して、全国各地でのまちづくりや地域づくりの励みにしていただきたいと思い立った。全国でまちづくりは定着し成果を挙げているが、人口減少と高齢化少子化が進むなかで、地縁コミュニティは弱体化し、また、まちづくりの担い手は世代交代を迎えている。今後は、人々のつながりがネットワークとして広がる地域づくりという視点が大切になってくる。しかしここでいう「地域」とは圏域ではなく、人々の繋がりが織りなす「見えない領域」であり、状況とともに「変化する領域」である。このような地域を考えることは、方法や技術の果てしない追求となるので、本書を「地域づくり学」とした。

本書は、地域づくりの「学」としている方法と技術を解説するところと、東京湾岸地域の歴史的文脈を説明するところの大きく二つの部分から構成されている。そのため、読者の皆さんには第1章を読んでいただいた後に、地域づくり学の方法と技術に特に関心がある方は、先に2章・5章・6章を、また、東京湾岸地域の歴史的文脈に関心が高い方は、先に3章・4章・7章と読み進んでいただくのがよいかもしれない。

「地域づくり学」というタイトルのとおり、読者の皆さんには、本書を読み進んでいきながら、地域づくりについて考えを深めていっていただければと願っている。

CONTENTS

CHAPTER 3

情報地図の解説書1 近世・江戸からの歴史的文脈の解読

column

CHAPTER 4

情報地図の解説書2 近代化の文脈の解読

CHAPTER 5

まちづくり拠点の運営

CHAPTER 6

まちづくり協議会

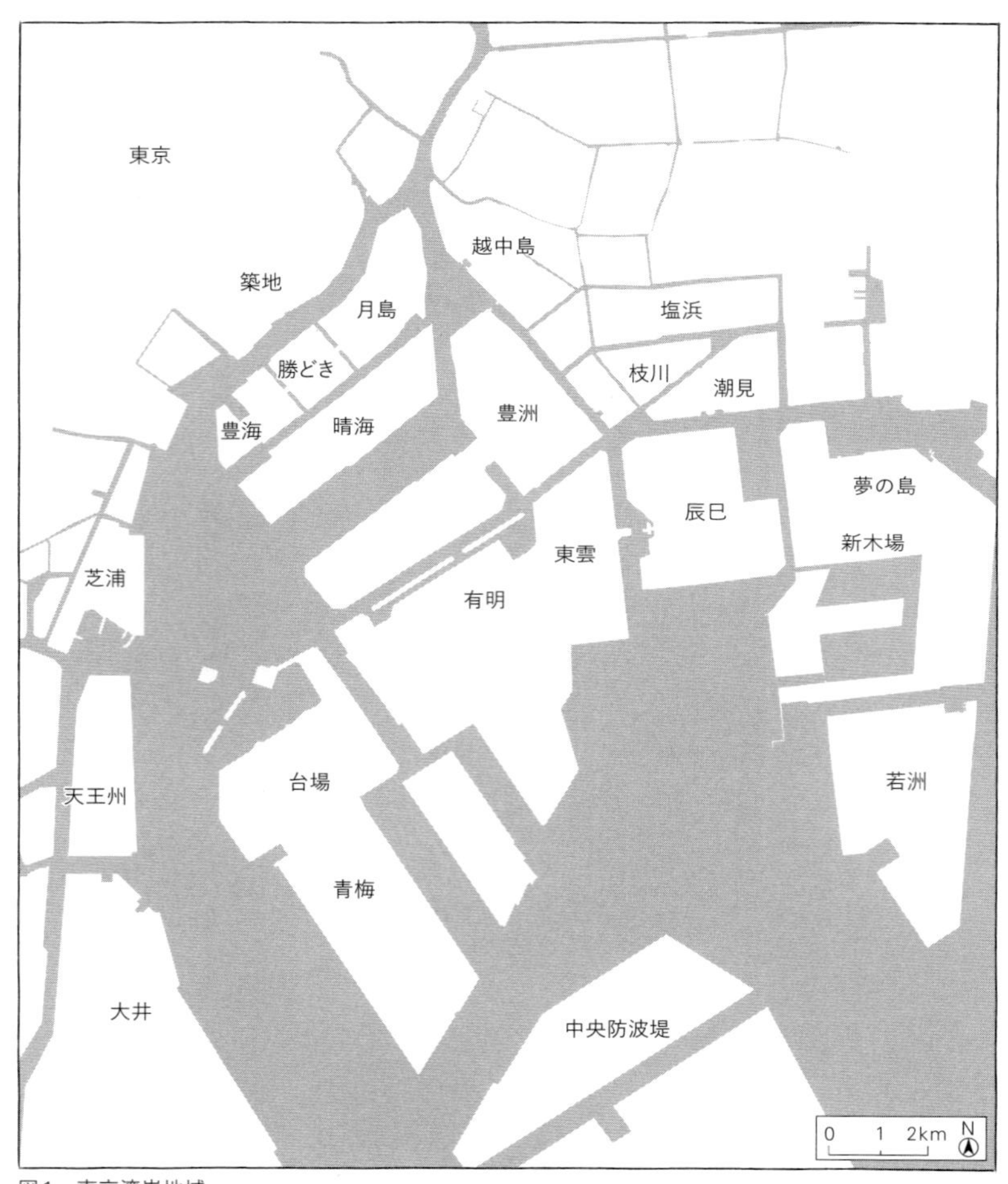
東京
越中島
築地
月島
塩浜
勝どき
枝川
潮見
豊海
晴海
豊洲
夢の島
辰巳
新木場
東雲
芝浦
有明
台場
若洲
天王州
青梅
大井
中央防波堤
0 1 2km
N
図1　東京湾岸地域

CHAPTER

1

東京湾岸地域と地域づくり学

本書は、東京湾岸地域を対象として、まちづくりなどの地域の内発的な力による取り組みが編集されて共創的に地域が形づくられるための「地域づくり学」を提唱するものである。1970年前後から生まれた「まちづくり」は、身近な生活環境の改善や地域資源の活用、景観の保全と形成、コミュニティづくり、自然環境の再生、まちの活性化などで成果を挙げてきた。これら個々のまちづくりの主体が連携してさらに大きな成果を挙げ、新たな課題の克服への挑戦が進みつつある今、本書は「地域」を掲げてまちづくりの展開を示したいのである。まちづくりは、すでに生活圏の枠組みを超えて動いている。もちろん、生活圏でのさらなるまちづくりの深化は求められているが、連携や協働の力が必要とされている今日では、より広がりのある地域について考える必要が出てきている。[1]

ここでいう「地域」とは、生活圏や流域圏といった「圏域」ではない。山と海に囲まれ、川が多い日本では、長く圏域が地域づくりの単位となってきた。内発的な力は、そのような地形と風土から培われてきたといえるが、それは決して内向きで閉じた「ムラ的な思考」ではなく、個々の自律的な取り組みが広域へと展開していく開かれた「共感的な思考」である。つまり地域は、単一の核から広がるものではなく、個々の活動による多元的な状態の「ネットワーク・コミュニティ」からなる。ネットワークは、核がないので統一的な関係性や必ずしも連続性があるわけではなく、ゆるやかな共感がつくり出す不連続な運動体の舞台のようなものだ。境界が曖昧で視覚的に判別できるものではなく、臨機応変に拡大縮小するもので、相互に重なり合い越境することもある。それぞれのネットワーク・コミュニティは、ヒエラルキーをもつ構成ではなく、その内容や範囲の大きさにかかわらず無意識に全体性をもち、全体を構成する部分になっている。その全体性を本書では「地域」と呼ぶことにする。

さて、そのような「地域」といっても様々である。たとえば、地方都市の中心市街地の再生を考えると、町会や商店会といった地元組織の活動に加えて、多様な人々や組織が参画して、都市の市街地再生と周辺の農村における農業の再生とが連携するネットワークが各地でできつつある。そのネットワークの範囲は、かつての城下町の藩のエリアが多いかもしれないが、個々の取り組みがオープンなネットワークでつながり、東京などの大都市部と地方とがつながることもある。中心市街地の地区といった生活圏レベルのまちづくりがネットワークを形成する動きもある。

本書では、地域として東京湾岸地域（図1）を取り上げるのだが、かつての藩のエリアと比べると、「大都市東京の一部である」「ほとんどが埋立地と海や運河であり歴史的資源が少ない」「空間的な広がりとしては比較的狭い」といった違いがあり、特殊な地域と受け取られるかもしれない。しかしこの地域でも様々な内発的な取り組みがあり、それらがネットワークを形成し、ゆるやかなコミュニティがかたちづくられている。基礎自治体としてはいくつかの東京都特別区にまたがっているので、ネットワーク・コミュニティの形成は個々の取り組みのつながりに因るところが大きい。また、都市化が無秩序に広がっている我が国の状況を考えると、歴史的資源を多くもつ地域よりも、歴史が浅く歴史的資源が少ないといわれている地域の方が、地域づくりの対象として取り上げる意義があると考えている。あえて東京湾岸地域の特殊性を指摘するのであれば、過去から現在、そしてこれからもしばらくの間は、急速な都市化が進んでいくという点である。日本全体が人口減少時代に突入している今日でも、東京湾岸地域は人口の増加が加速している。しかしながら大都市への人口集中は、日本だけではなく世界的に起こっている現象なので、やはり地域づくりの対象として、大都市・東京の湾岸地域を取り上げる意義は大きいといってよいだろう。

「地域づくり学」というように「学」と呼んだ理由は、「地域づくり」は「まちづくり」の次なる発展段階なので、地域のフィールドでの実践とフィードバックという試行錯誤がいまだ続いており、体系的な理論の提示には至っていない。そのため、実践の繰り返しから見えてくる方法や技術を提示するという状況であり、それは地域をつくりつつも、地域から学ぶ、実践とフィードバックから学ぶという段階だからだ。元々まちづくりも、その定義は「地域社会に存在する資源を基礎とし、多様な主体が連携・協働し、身近な居住環境を漸進的に改善することで、まちの活力と魅力を高め、『生活の質の向上』を実現するための一連の持続的な活動[2]」とされており、「終わりのない活動」なのだ。また「地域学[3]」との関連性もある。人文科学や社会科学を中心とする知識・知恵に重点をおく「地域学」と、空間計画・設計の分野をつなげて、「地域づくり学」を協働的かつ創造的な行動・活動・計画・設計の「学」として提示したいのだ。となると、人文・社会・建築・都市計画と広範囲に及ぶ学問領域の完成された姿を提示しようとすると、かえって地域づくりの概念を矮小化する恐れがあり、それよりも「地域づくり」に関する関心と議論を広く社会に呼び起こして、「学ぶ」ムーブメントを巻き起こすことを狙いたいと考えている。この議論は、本書が東京湾岸地域を対象としているので、この地域にかかわる人々によるが、「地域づくり学」の議論は、東京湾岸地域を含めて、日本全国、さらに海外にも広めたいと考えている。

本書の内容は、大きく二つの柱がある。一つ目は、東京湾岸地域の歴史的文脈や魅力、面白さを、現地、つまりフィールド・ストリートでの観察を通じて読み解き、体系的に提示することである。これは主に地域学と重なる内容となるだろうが、全国的にまた世界的にも注目を集めている地域であり、かつ「埋立地なので読み解くに足りるような歴史や文化の奥深さはない」と言われている地域に光を当てることの意義は大きいだろう。二つ目は、「地域づくり学」の方法と技術を提示することである。方法と技術の枠組み(フレーム)を提示して、そのフレームに従い具体的な地域づくりにつながる東京湾岸地域での取り組みを提示・分析する。そして、地域学と空間計画・設計の学をつなげる地域づくり学が、質の高い地域の形成に必要不可欠であることを示す。

本書の内容は、東京湾岸地域のまちづくりや社会活動、研究活動に関わる人々の想いを実現しようという実践的な行動の成果から成り立っている。筆者と芝浦工業大学建築学科地域デザイン研究室は、そのような地域の人々と共に地域づくりの成果を挙げてきた。それらの成果は、これまでにも論文や研究発表、書籍、講演、雑誌のコラムなどで発表してきたが、それらが本書のもととなっている。

本章では、まず東京湾岸地域の位置づけ・歴史的文脈について解説する。次に地域づくり学に関連する先行研究や取り組みを振り返り、地域づくり学の方法・技術のフレームを提示する。

東京湾岸地域

東京湾岸地域のイメージ

東京は激変しつづけている。明治の文明開化と関東大震災、太平洋戦争での空襲などで歴史的なまち並みはほとんど姿を消したので、東京の歴史は書籍や案内板のなかにしか存在していないと思われている。しかしまちを歩きまわり注意して観察すると、さり気ないところに歴史を物語る風景や地物は残っており、そこから東京の豊かな歴史や文化、社会をうかがい知ることはできる。陣内秀信らによる「江戸・東京学」[4]でも指摘されているように、東京のなかにはまだまだ読み解くべきものがたくさん残っている。

また東京は特に、近代的な建物とまち並みになり、人々の生活スタイルや生活文化はほぼ均一化していると思われているだろう。しかし人々の生活風景をしっかり見ることで、あるいは住民の話を聞くことで、個性的な生活文化が息づいていることに気づき、魅力的に感じる。自分が住むまちについても、個性的で価値のある生活文化がせっかく継承されているのに、もしかすると誰にも気づかれていないのかもしれない。自分たちのまちの歴史や文化がどうなっていて、どのような魅力があるのか、来訪者に対して語れることは誇らしい気持ちになるし、地元愛を育むことにもなるのだが。残念なことに、最近ではスマートフォンばかり見ていて、まちの様子を全く見ないで歩く人が多くなった。そのようなことでは、まちのなかにかろうじて残っている歴史や生活文化は、本当に忘れ去られ、完全に姿を消してしまうだろう。

東京湾岸地域は、大部分が近代以降の埋立地と新しい土地なので東京のなかでも特に歴史が浅く、伝統的なものや文化的なものは少ないと思われているだろう。しかし、東京湾岸地域は、江戸・東京の近代化や発展を支えてきた土地で、さらに未来に向けても東京の発展を支えていく重要な地域なのだ。まずはそのことを東京都民を含めた多くの人々に知ってもらうことの意義は大きい。

また東京湾岸地域は、いたるところで大規模な開発・再開発が進んでおり、タワーマンションに加えて、巨大な商業施設やアミューズメント施設などが誕生している。さらに、東京中央卸売市場の豊洲（江東区）への移転や、東京2020オリンピック・パラリンピック大会の開催などで何かと話題になっているので、この地域を取り上げる意義は大きいだろう。

東京湾岸地域の歴史的文脈

慶長年間初期（1590年頃）の江戸を図2に示す。東京の前身である江戸のまちは、武蔵野台地東端に築かれた江戸城を中心に建設された。江戸城の南東側すぐのところに日比谷入江があり、江戸城まで海であった。この東京湾最奥部は、隅田川などが土砂を運んできたため、遠浅の海であった。江戸のまちの南東側は、この遠浅の海を埋め立ててできたので、ほとんどが埋立地ということになる。

徳川家康が、大規模な埋め立てをしてまでも江戸のまちを建設しようとした理由は、港湾都市を建設したかったからといわれている。江戸の地が選ばれた理由は、豊臣秀吉の命令によるなど諸説あるが、家康が港湾機能を重視していたことは間違いない。日本は島国で海に囲まれているため、古代から舟運が発達し、賑わう港湾都市を押さえることは、国の統治において重要であった。江戸建設期には、中国や朝鮮からの船に加えて、南蛮船と呼ばれた欧州からの船も渡来し、海外との貿易や交流がより重要になっていた。当然、国内各地との物資の輸送も重要で、大都市であるほど、充実した港湾機能をもつ必要があった。

東京湾岸地域とは、主に中央区、江東区、港区、品川区の湾岸部を指し、そのほとんどは埋立地である。埋め立てしつづける理由は、家康が江戸を建設した時からずっと同じで、港湾機能の維持・充実が第一に挙げられる。つまり東京湾岸地域の歴史を体系的に理解し、また現在の湾岸地域の風景を理解するには、江戸建設の時代までさかのぼる必要がある。

東京湾岸地域の歴史的文脈を一言で言い表すと、江戸と東京の発展を支えてきた土地といえる。港湾都市・江戸を建設

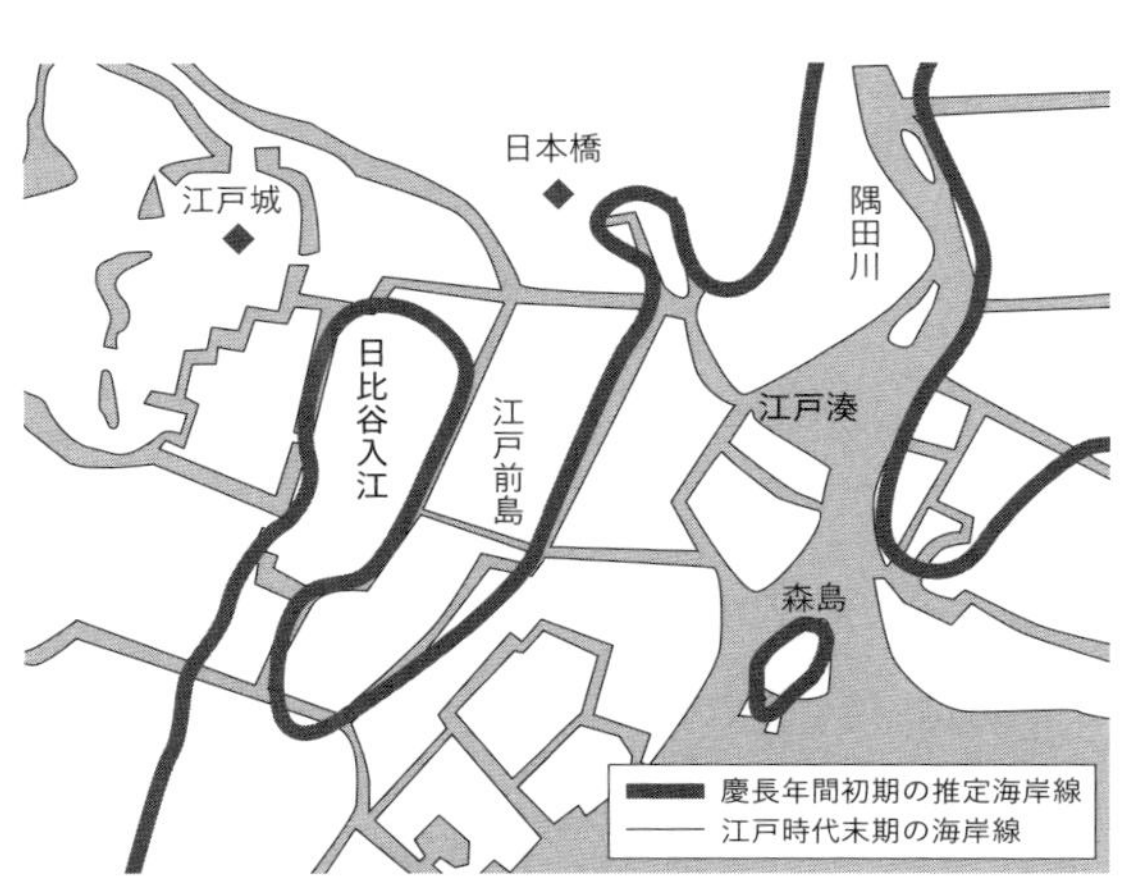

図2 慶長年間初期(1590年頃)の江戸の海岸線

するために、江戸湊の中心だった日本橋から埋め立てが進み、港湾機能に必要な荷揚げ場や倉庫がつくられた。それによって、巨大都市・江戸の発展と繁栄が支えられた。

江戸を引き継いだ東京の発展は、都市の近代化の歴史でもある。その近代化の歴史を色濃く読みとれるのが湾岸地域だ。明治になって、近代的な国際港を東京にも築造する計画がもち上がったが、湾岸地域の海は、隅田川などが上流から絶えず土砂を運んでくるため水深が浅く、大型船が入れなかった。そこで、「浚渫（しゅんせつ）」により水深を深くし、そのすくい取られた土砂でできた埋立地が東京湾岸地域となっていく。1941（昭和16）年に開港した国際港・東京港の中心は、晴海・豊洲・日の出（港区海岸2丁目）であった。

近代化には製造業を支える工場が必要となる。明治時代に埋め立てられた月島（中央区）に、まず造船所や鉄工所といった工場が建設され、昭和初期に埋め立てが完成した豊洲にも造船所や鉄工所が建設されていった。

太平洋戦争後、焼け野原となった東京は、再び日本の首都として復興する必要があった。人々の生活と経済再生のためには、石炭といった燃料や電気、ガスなどが必要であった。しかし進駐軍（GHQ）が、東京港のすべてを使用していたため、船で石炭を運び込むことができず、また発電所やガス工場を建設する土地もなかった。そこで豊洲埠頭（江東区豊洲6丁目）が埋め立てられて、石炭埠頭や発電所、ガス工場が建設されることになった。そのお陰で、東京は戦後の復興を果たすことができたといっても過言ではない。発展し豊かになった日本を象徴するコンビニエンスストアの1号店も、豊洲で開業した。

2020年に向けて、東京湾岸地域には、いくつものオリンピック・パラリンピック競技場が建設される。これらの競技場は、これからの東京の発展を支えるものとなる。豊洲新市場も豊洲6丁目に開業する。発展の起爆剤として目新しい施設が建設され、最先端のプロジェクトが絶えず計画されている。

このように東京湾岸地域は、その立地から東京の発展を支えてきた、そして支えていく土地という特筆すべき歴史と、宿命を担いつづけている。その具体的な解説は、主に本書の3章、4章、7章で扱い、江戸時代から明治以降の埋め立ての順番で、現在の風景や地物を手がかりに読み解いていく。

江戸建設期の埋め立ては、日本橋を起点として進められた。その後の近代以降の埋め立ては、東京港の整備によるところが大きい。埋立地は、その完成順に、1号地・月島、2号地・勝どき（1丁目から4丁目）と新佃島（現在の佃2・3丁目）、3号地・勝どき5・6丁目、4号地・晴海、5号地・豊洲、6号地・東雲、7号地・辰巳……と続いていった。

まずは、東京湾岸地域の原点である日本橋について読み解いてみたい。

日本橋　東京湾岸地域の原点

地域づくり学の方法と技術では、フィールド・ストリートを訪れて現地にある一見、何の変哲もないものから気づきを得て、そこから歴史や文化、社会を読み解いていくことが第一歩となる。当たり前と思われていることにも疑問を抱いてみよう。たとえば日本橋である（図3）。初代日本橋は1603年に架けられたといわれており、現在の日本橋は重要文化財であるにもかかわらず、首都高速道路の下になってしまって気の毒だが、毎日多くの人々が訪れ、立派な装飾や橋のたもとにある史跡に見入っている。史跡の一つに、「日本国道路元標」がある（図4）。そこに江戸・東京の中心であった日本橋は、今でも日本中の道路の起点

図3　日本橋

であることが説明されている。

日本国道路元標　起点の真の意味

国の重要文化財である日本橋の傍らに、装飾のある立派な支柱とともに日本国道路元標がある。本物の道路元標は、中央通りの真ん中にあるのだが、それを見るためには行き交う自動車をかいくぐりながらたどり着かねばならない。そんなことはなかなかできないので、日本橋の傍らの道路元標を眺めてみる。

解説板に書いてあるとおり、道路元標とは日本の道路の原点である。これは歴史的な経緯に由来している。「江戸のまちの中心は日本橋で、日本橋を起点として五街道（東海道、中山道、甲州街道、日光街道、奥州街道）が通じていた」ということは、よく知られている。しかし本当に、五街道の起点というだけで、日本橋はずっと江戸の中心になり得たのだろうか。

徳川家康による江戸建設以前、日本橋は東京湾最奥部に位置する入江をもつ小さな集落だったといわれており、江戸湊と呼ばれた東京湾へ船で出て行くには格好の場所だった（図5）。つまり日本橋は、海へ出て行く起点として、当初位置づけられ、その後、陸上においても江戸のまちの中心に選ばれたのだ。日本橋からは、五街道だけではなく、東京湾へと出て行く「海の道＝海道」が延びていた。陸上の道路の起点になったことと、海道の起点だったことで、日本橋は江戸の中心でありつづけられた。

現在の日本橋のたもとには、観光船が発着する船着場があるが、その船着場入り口あたりに、海路

図4　日本国道路元標

の元標も設置して、日本橋が江戸・東京の中心となった本当の理由を説明してほしいと思う。

まずは日本橋を取り上げて、現地での観察から気づきを得て読み解いた。このような地域づくり学の導入に当たる方法と技術も本書では示していくが、まずは関連する先行研究や取り組みを振り返ったうえで、地域づくり学の方法・技術の枠組みを提示したい。

地域づくり学

地域学からの展開

地域という圏域単位で、歴史あるいは文化、社会を体系的に把握し、地域の文脈を明らかにしようという「地域学」が各地で広がっている。[5] 代表的なものとしてまず、赤坂憲雄を中心とする東北芸術工科大学の研究者らによる「東北学」がある。[6] 東北地方の各地を巡るフィールドワークにもとづいて、人々から忘れ去られていた、あるい

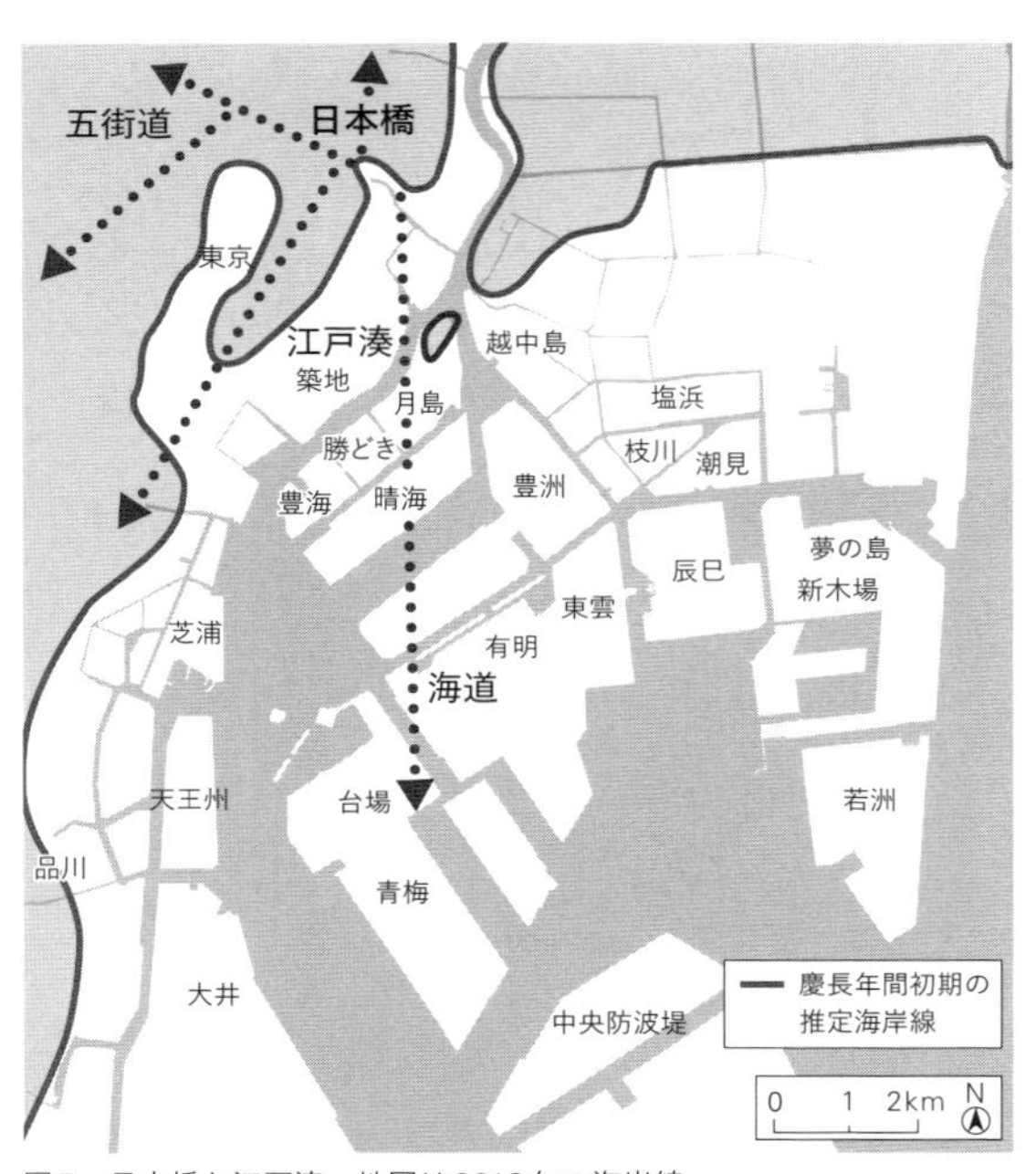

図5 日本橋と江戸湊 地図は2018年の海岸線

は歴史的に消されたかもしれない縄文的なものと弥生的なものが重層的に織りなす地域の構造を解き明かし、一つではないいくつもの日本があることを示した。「東北学」は、その後、地域学が日本各地へ広がるきっかけとなったといってよいだろう。

東京においても、陣内秀信や江戸東京博物館の研究者による「江戸・東京学」がある。陣内の『東京の空間人類学』[7]や『世界の都市の物語 東京』[8]は、東京を読み解くまち歩きブームを巻き起こしたといってよい。陣内はその後、「水都学」[9]も提唱している。また、戸沼幸市による「新宿学」[10]は、早稲田大学オープンカレッジから始まったもので、内藤新宿から現代的で猥雑な歌舞伎町までを題材としている。戸沼は北海道で「函館学」も立ち上げている。

地域学の特徴は、地域という圏域をフィールドワークにもとづいて人間的な視点で捉え、発見、発想することである。地域学の第一人者である赤坂は、鶴見和子と共に『地域からつくる 内発的発展論と東北学』[11]を記したが、この本で、地域の読み解きと地域からの学びだけではなく、地域づくりやこれからの日本社会のあり方までも論じている。現地を訪ね歩き回って観察し、土地の生活者から話を聞き、また資料を収集し読み込むことから、地域の歴史や文化を読み解くという地域学は、日本各地におけるまち歩きブームのきっかけにもなった。後藤春彦は、地域学のような土地の文脈の解読を「地域遺伝子の発見」または「地域資源の発見」と呼び、まちづくりの最初の手がかりとしている。[12]

フィールドワークとまち歩き

地域学で用いられる方法は、フィールドワークを核としているが、特にマニュアルといったものはなく、研究者や研究グループ独自の流儀と作法で、それぞれの地域ごとに進められているといってよいだろう。

フィールドワークは、研究対象の現地に赴き状況を観察して、また現地の人々の話を聞き、かつ現地において資料を収集し参照することで、研究対象の本質を明らかにしようとする専門性の高い学術的作業である。広義には、子どもたちの自然観察調査や、大学生のゼミナールや演習科目での現地調査なども含む。狭義・広義いずれにしても、現地を踏査して専門性の高い観察作業などによる調査である。

一方でまち歩きは、グループでまちを歩き、楽しみながら歴史や文化を学ぼうとするものであり、フィールドワークと比較すると、専門性の高い作業ではなく、専門性の低い市民が中心となって行う作業を意味する。まち歩きは息の長いブームになっているといえよう。人気テレビ番組の影響や、健康志向でゆとりあるシニア層の増加が背景にあると思うが、日本各地でまち歩きを楽しもうという活動がたくさん起こっている。といっても、その実状は様々で、まちづくり活動の一環として行われるものもあれば、市民講座の一つとして行われるもの、研究やゼミナールの一環、小学校の「総合的な学習の時間」の地域学習として行われるもの、思い立った有志で集まって歩くものもある。いずれにしても、そこにはまち歩きを企画し楽しもうという人々がおり、ときにはまちの案内人やボランティアガイドが活躍している。このようにまち歩きの裾野が広がり、ボランティアガイドによってその内容が深まっていることは、まちづくりを専門としている筆者としても本当に心強く感じている。

このようにまち歩きが広がりを見せている理由は、根底には日本のまちの実状にあるといえる。歴史があり個性豊かなまちが数多くあるのだが、明治からの近代化、震災などの自然災害、太平洋戦争時の被災、大規模な再開発などによって、歴史的な建築物やまち並みは失われ、一見そのまちがもつ固有の深い歴史や文化、社会は読み取れない。まち歩きは、都市を読み解くトレーニングの一種といえ、トレーニングによって「鑑定眼」のようなものが備わる。歴史や文化、地理、社会に関する基礎知識を踏まえて、現地の風景や地物を観察することに加えて、そのまちについて詳しい研究者やガイドから話を聞く、また資料館・図書館などで調べる作業も行う。ほかにも、人々の日々の営みや生業を読み取るために、住民・生活者に直接話を聞くことも大切である。つまりまち歩きだからといって、その名のとおり単にまちを歩き何となく見てまわるだけでは、内容の浅いものとなってしまう。まち歩きについても体系的な方法や技術を確立すべきだろう。特にまちづくりでは、まちの文脈を読み取り、その歴史・文化・社会をベースにしてまちを漸進的に改善していくことが重要なので、しっかりとした方法と技術にもとづくまち歩きが行われることが望ましい。まち歩きの広がりは喜ばしいことだが、あまりにも拡散しているまち歩きの作法を整え、まちづくりと地域づくりの第一歩となるようにしたいと思っている。

誤解を招くといけないので、念のためにいっておきたいのだが、決して気軽で自由なまち歩きを否定するものではない。広い裾野はそのままに、質の高いまち歩きの方法を確立しながら、まちや地域に対する市民意識の底上げを図りたいのだ。

発見的調査方法

まち歩きは、単なる視察や見学とは異なるし、観光ツアーとも異なる。数人が集まってグループをつくり、相談して企画を練り、まちのなかのどこを歩き、どこを訪ね、どこで休憩し、どこで最後に打ち上げをするかといった一連の能動的かつ創造的な行動であり、何を発見できるだろうかという「わくわく感」「期待感」がある。このような能動的・創造的なまち歩きは、建築・都市分野の研究から生まれた。

「考現学」[13]は、今和次郎らが関東大震災後の1920年代に提唱したもので、「考古学」との対比から企てられた研究活動である。その方法は、農村や未踏地域で行われていた民俗学と近いが、震災後の廃墟と化した東京が少しずつ復興していく様子を題材とした。民俗学とは異なり、現在（当時の）の都市の人々の生活を対象とした研究の集大成であった。その方法は、採集と統計、比較と説明されているが、人々や空間の状況、風俗などを丹念に調査・記録・分析するというユニークな方法は、その後の社会学者や思想家、芸術家に大きな影響を与えた。考現学は、戦後の1970年代に入って、赤瀬川原平などによる「路上観察学」[14]といった取り組みにも派生していった。まちなかにひっそりと存在する無用の長物的「トマソン」の探査は、とてもユニークなものであり、広く社会に影響を与えたといってよいだろう。

そのほか、観察学に関係するものとして、海外であるがヤン・ゲールの『パブリックライフ学入門』[15]がある。公共空間の豊かなアクティビティはパブリックライフにあり、パブリックライフの調査は、注意深く観察することだとしている。観察のポイントとして、人数や誰が、どこで、何を？といったポイントや、行動調査などの調査項目を挙げている。

「デザイン・サーベイ」[16]は、民家・集落・都市空間などを調査対象として、その物理的環境の状況を図面などに記録する調査方法である。歴史的集落や都市の保全を目的とするイタリアのタイポロジー（都市建築類型学）研究などで調査方法が確立された。日本では、1960年代に伊藤ていじらにより実施され、その後1970年代になって宮脇檀らの活動によってデザイン・サーベイという用語が定着することになった。この調査方法では、多くの調査人員がチームを組んで、測量器具や野帳（フィールド・ノート）などの記録用具を用いて実測調査といった作業を分担して行っていく。大規模で緻密な調査方法は、まち歩きとは異なる点が多いが、記録作業の重要性を示している点で大いに参考になる。

「生活景」[17]は、「自然景」「美観」「風致」の枠に留まっている日本の景観概念を、身近な生活空間にまで広げようと提示された概念である。単に視覚的に認識できるものではなく、その背後にある地域社会や文化、歴史、生活や生業といったものまでを読み解き、景観価値を評価しようという視点である。

「都市空間構成・都市軸の読み取り」は、近世城下町などに見られる「山あて」[18]などから、都市骨格の成り立ちを地域的なグランドデザインから読み解こうというものである。江戸の設計においても、日本橋駿河町通りの富士山への山あてや、水戸街道の筑波山への山あてなどが有名である。

以上のような方法は、総じて「発見的調査方法」と呼ばれ、創造的な都市デザインの初期段階において必要不可欠な作業とされている。

ほかにも、まち歩きなどで収集されたまちの情報を記録・発信する取り組みとして、地域雑誌『谷中・根津・千駄木[19]』は大きな影響を与えた。森まゆみら3人の若い母親たちによって創刊され、1984年から2009年まで計93号が発行された。まちのなかに存在する自然、建築物、史跡、暮らし、人情、生業などを記録・紹介することで、それら資源の継承を目的としていた。その着眼点、調査方法、忍耐強い活動は、多くの人々の眼差しをまちへと向けさせた。

ワークショップ

まちづくりにおける市民参加のワークショップは、都市マスタープランや景観計画、地区計画の策定、またまちづくり協定の締結といった身近な生活環境を守るルールづくりなどで広く行われている。ワークショップは、米国のローレンス・ハルプリン[20]が建築・都市・ランドスケープデザインの分野に導入したもので、日本でも1980年代から行われ、そのなかで最も活発に行われているものが「まち歩きワークショップ」といえよう。まち歩きによって計画策定上重要な情報が得られるからである。

たとえば『まちづくりデザインゲーム[21]』のなかで、まち歩きワークショップの方法が示されている。まち歩きワークショップは、「まちの宝探しワークショップ」などと呼ばれることもある。ワークショップでは、参加者の視点の違いが分かるように、できるだけ年齢や性別、仕事などが異なる5名程度からなるグループをつくり、リーダーや記録係、カメラ係を決め、また、まちを歩くルートを決める。複数のグループでまち歩きを行う場合は、同じ地区を歩くこともあるし、地区を分担して歩くこともある。歩く時間は90分から2時間程度で、疲れすぎない時間と距離に収まるように配慮する。

まち歩きが終わった後は、発見した魅力や課題を地図に記録していく「情報地図づくり」という作業を行う。まち歩きの成果は、その後のまちづくりワークショップでも参照するので、このような記録作業を行うことが重要だ。

まち歩きと情報地図づくりをセットで実施することで、まちの魅力や問題点を発見・再認識でき、まちへの想いを語り合うことで、人々のまちへの共通認識が育まれていく。まちづくりワークショップでは、次のステップとして、まちで実現したい生活シーンや、目標イメージを描く作業へと進んでいく。「まち歩きと情報地図づくり」については、本書の2章で詳しく説明する。

市民講座

各地にある文化センターなどが主催する市民講座で、「まち歩き」が開催されることは多い。研究者や資料館学芸員などが講師を務め、講義とともにまち歩きをセットで行うことが多く、そこでは、市民のボランティアガイドも活躍する。受講生はシニア世代が多いと思われるが、歩くことはよい運動であり、歩き回って観察したことに対して、講義やガイドを聞いて理解することは、知的好奇心も満たされる。

市民講座によっては、複数回の連続講座とすることで、内容を深めようとするものもある。まちをいくつかの地区に分けて、地区ごとに講義とまち歩きを行ったり、あるいは建築物や風景、自然、歴史といったテーマごとに歩き回ることもある。

ワークショップのように発見した魅力をまとめて地図づくりや冊子づくりを行う講座もある。たとえば、東京都江東区の亀戸では、江東区文化コミュニティ財団・江東区亀戸文化センターが市民講座で、まち歩きで発見した成果を「かめいど福都心マップ」にまとめている。また講座参加者が新たな参加者を募ってワークショップを開催したり、さらに「亀戸福都心単語帳」をつくり、数年ごとにそれを改訂するといった取り組みを継続して行っている[22]。これは、単なる文化センターの市民講座の枠に収まらず、まちの魅力を維持しよう、魅力をつくっていこうというまちづくりや地域づくりにつながる取り組みといえる。

地域づくり学の方法と技術

地域づくり学は、歴史学、地理学、社会学、文化人類学、建築学、都市計画学、などにわたる学際的なものであるが、その方法と技術としては、知的好奇心のもとに地域に対する眼差しをもって、フィールドワークやまち歩きを行うことが第一歩となる。さらに、人々と語り合うための基本的なコミュニケーション能力をベースとして、ワークショップといった集団的創造性とデザイン、共感を育むための方法と技術も求められる。情報地図といった記録と情報発信、連携と協働の方法と技術、まちづくりの体制のつくり方などと、広範囲に及ぶ方法と技術から構成される。

地域づくり学の方法と技術の枠組みは、①「フィールド・ストリート（現地）からの解読」、②「記録と情報発信」、③「地域づくりの参画ネットワークの形成」の3部門からなる。まちづくり的な表現をすると、①「地域価値を発見する」、②「人や組織間での共感の輪を広げる」、③「地域づくりの目標像を共有し連携・協働して行動する」の３つである。そしてこれら3部門にある方法と技術は、地域の特性・個性を踏まえて具体化される。つまり本書では、一般化可能な方法と技術を提示しようと努めるが、具体的には東京湾岸地域の特性・個性を踏まえた方法と技術を提示することになる。

以下に、3部門の方法・技術について説明する（図6）。

①フィールド・ストリートからの解読

対象を下調べしてから、現地を訪れ、自分の目で観察し、気づき、考え、調べ解読する作業である。フィールド・ストリートを見つめて、ありのままのまちを認識し、考える。「普通」と思われているまちのなかから、普通でない価値を発見しようとする作業とも言える。まずは

フィールド・ストリートからの解読 （地域価値を発見する） フィールドワーク、まち歩き
記録と情報発信 （人や組織間での共感の輪を広げる） まち歩き情報地図づくり 情報地図＋解説書、地域単語帳 地域情報紙の発行
地域づくりの参画ネットワークの形成 （地域づくりの目標像を共有し連携・協働して行動する） 地域マネジメント　コミュニティ・インキュベーション 地域づくりの体制 （まちづくり協議会、まちづくり拠点の運営、プラットフォームとアリーナ） ローカルとグローバルの融合
東京湾岸地域の特性とビジョン コンバージョン　河川・運河・水辺の活用 東京オリンピック・パラリンピック2020

図6　地域づくり学の方法と技術の枠組み

現地に関する資料を収集して予習を行い、調査計画を立てて、フィールド・ストリートで仮説的に観察を進め、読み解きを行う準備をしておく。現地での観察では、以下の4点を心に留めておくことが大切だ。

・一般的に言われていることと違った視点でまちを見る。
・忘れ去られそうな歴史を掘り起こすという心構えをもつ。
・まちかどの地物を鑑定するかのごとく注意深く観察し、調べる。
・発見した価値を体系的に理解する。

方法としては、フィールドワーク、まち歩きがある。まち歩きは、個人で歩くこともあるが、ワークショップのようにグループで行動し、各自役割をもって観察するが、対象とするまちに詳しいガイドや案内人を付けると効果が上がる。

②記録と情報発信

フィールドワークやまち歩きによって発見された価値について的確に説明し、価値に対する共感の輪を広げるのが目的である。その方法は、以下の4点が挙げられる。

・まち歩き情報地図づくり
・情報地図＋解説書
・情報地図＋地域単語帳
・情報紙の発行

③地域づくりの参画ネットワークの形成

価値への共感の輪にもとづいて、情報共有と連携、協働が始まり地域づくりへの市民の参画ネットワークが形成されていく。またそこでは、コミュニティ・インキュベーションによって、多元的で重層的なネットワーク・コミュニティが生成し、編集されて地域づくりの体制が整っていく。多様な主体が個々の活動に専念しながらも、未来に向けて目指すべき地域づくりの目標像をゆるやかに共有していくことで、魅力的な地域が形成されていく。その具体的な方法としては、以下の4点が挙げられる。

・地域マネジメント（運営）
・コミュニティ・インキュベーション（市民の参画ネットワークの形成）
・地域づくりの体制（まちづくり協議会、まちづくり拠点の運営、プラットフォームとアリーナ）
・ローカルとグローバルの融合

以上が、地域づくり学の方法と技術の枠組みである。本書では、東京湾岸地域を対象として取り上げるわけだが、以下のようなこの地域の特性とビジョンが挙げられる。

・急激な人口増加と巨大な再開発
・河川・運河・港湾があり、広大な水辺に囲まれ、河川・運河・水辺の活用が望まれている。
・使用されなくなった工場や倉庫が残っており、これらを歴史的資源としてコンバージョンする。
・東京2020オリンピック・パラリンピック大会が目前に迫っている。東京湾岸地域には、多くの競技会場と選手村、メディアセンターが立地する。この世界的なイベントを契機として、さらなる地域づくりが望まれている。

これらの特性とビジョンにもとづいて、具体的な方法と技術を本書では提示するが、地域の特性によって具体的な方法と技術はカスタマイズされていく。

東京湾岸地域は、いくつかの地域から成り立っている。まず2章では、まち歩き情報地図づくりと情報地図を用いた情報発信に関して、中央区月島地区を中心として解説する。3章から4章で、月島地区の情報地図を補完する解説書を提示するが、その内容はフィールド・ストリートからの解読を具体的に示すものである。5章では、地域づくりの参画ネットワーク形成の方法となる地域マネジメントと地域づくりの体制に関して、月島地区での活動拠点の開設とそこでの取り組みを紹介する。6章では、やはり地域づくりの参画ネットワーク形成の方法となる地域マネジメントと、地域づくりの体制に関して、江東区豊洲地区を中心とするまちづくり協議会の活動について紹介する。7章では、東京湾岸地域の地域情報紙と、その情報紙を用いた情報発信について紹介する。8章では、地域の形成の方法を具体化するために、連携・協働のさらなる事例を紹介しつつ、コミュニティ・インキュベーションという概念を提示して、さらにローカルとグローバルの融合という新たな動きを説明し、地域づくり学を総括する。

すでに述べたように、地域づくり学は方法や技術の学である。しかしその科学的方法や技術を、すべての地域に当てはめようとするものではない。無理な一般解化は20世紀初頭の近代都市計画と同じジレンマに陥ってしまうだろう。[23] 普遍性を追い求めすぎず、地域づくりもまちづくりと同様にその方法や技術を一般解として提示しようとはせず、地域性や状況に合わせてカスタマイズされるべきものとして提示したい。

CHAPTER

2

情報地図づくりと情報発信

まち歩きで発見した様々な価値の共有は、地図に位置と情報を書き込むなどしてまとめることで進む。フィールドワークを行う際、その成果は地図上にまとめることになる。本章では、まち歩きやフィールドワークから、どのように情報地図をつくり、情報発信すべきかを解説する。

まち歩き情報地図

まち歩きと情報地図づくり

まち歩きは様々な発見があり楽しいが、しっかりと記録をとることで、発見した成果を振り返ることや、興味をもっている人にまちに関する情報を伝えられる。そこで、発見した地物の位置を印したり、その説明を記載するための白地図と画板を準備するとよい。白地図はあらかじめ画板に貼り付けておく。白地図は、駅や主要な建物、道路の名称が入っている方が、歩いている位置を確認できるのでよい。2500分の1の地形図を用いてもよいが、住宅地図をコピーしたものでもよいだろう。地図に書き込むための筆記用具は、情報によって色を替えられるので、3色または4色ボールペンをお薦めする。また地物の情報をしっかり書き留めるために、野帳（フィールドノートやスケッチブック）を持ち歩くとよい。野帳には、文字だけではなく簡単なイラストを描いたり、あるいはしっかり観察するためにスケッチをするとよい。また、発見した地物を撮影するためのカメラも必携だ（図1）。

白地図や野帳に記載した情報は、歩きながら書き込むので、文字が乱れて分かりづらく、他の人に見せて説明するには適さない。また、数人で行うまち歩きでは、人によって価値観が異なるため、メモした地物やメモの内容が違ってくる。そこで、皆で協力して発見した内容をまとめることが望ましい。まとめ方はレポート形式など色々とあるが、大きな地図に情報を書き込んでいくまち歩き情報地図づくりをお薦めしたい。地図の大きさは、皆で見て分かるようにＡ１判やＡ０判サイズがよい。

川喜田二郎のＫＪ法[1]を使って、付箋に魅力や課題を記入して、地図に貼っていく方法が一番手軽だが、地図が付箋で見えなくなるので、直接地図に書き込んでいく方がよい。記入するペンは、太文字が書けるカラーペンがよく、また裏写りしないように水性カラーペンがよい。

まち歩きと情報地図づくりワークショップ

まち歩きと情報地図づくりをワークショップとして行うことも多い。市民講座やまちづくりワークショップの一環として行われ、「まちのお宝探し」「地域資源の発見」「魅力・課題探し」をテーマに行う。

まちづくり方針を策定する活動の一環として実施した東京都江東区西大島地区での取り組みを紹介したい[2]。参加者はこの地区のまちづくり協議会メンバーである地元の居住者・就労者約20名で、作業のサポートは、筆者と芝浦工業大学の学生、江東区職員、都市計画コンサルタントが務めた。参加者は１グループ５人ほどの４つのグループごとに、

図1　まち歩きのための装備

異なる4つのエリアに分かれて90分間ほどまち歩きを行い、まちの魅力と課題を見つけていった。ここでは、あらかじめ決めてあったルートに沿って先導していくリーダー、地図に書き込んでいく記録係、ポラロイドカメラ・デジタルカメラで撮影するカメラ係、自動車や自転車に注意して交通事故に遭わないようにする安全係、時間管理を行うタイムキーパーと役割を分担した。

まち歩きが終わった後には、グループごとに情報地図を作成した（図2）。地図はA0判を用いて、水性カラーペンで情報を書き込んでいった。また発見した情報を説明するために撮影した写真を貼り込んで、40分ほどで各グループは情報地図を完成させた。

4つの情報地図が完成したところで、それらを貼り合わせて、西大島地区の大きな地図をつくった（図3）。2×2mという大きな地図ができた時には、参加者からは「おお！」という声が起こった。長時間の協働作業にふさわしい成果物に達成感と満足感が一気に湧き上がったのだ。床に置いて皆で地図を囲んで発表と意見交換を行っていった（図4）。発表者は、地図の上に上がり込んで、発見したものの位置を指し示しながら説明していった。このように成果物を囲んで話をしていくと、参加者に一体感が出てきて効果的だ。意見を発言するだけではなく、まちへの想いを互いに語り合うことになる。

図2　西大島地区でのまち歩き情報地図づくり

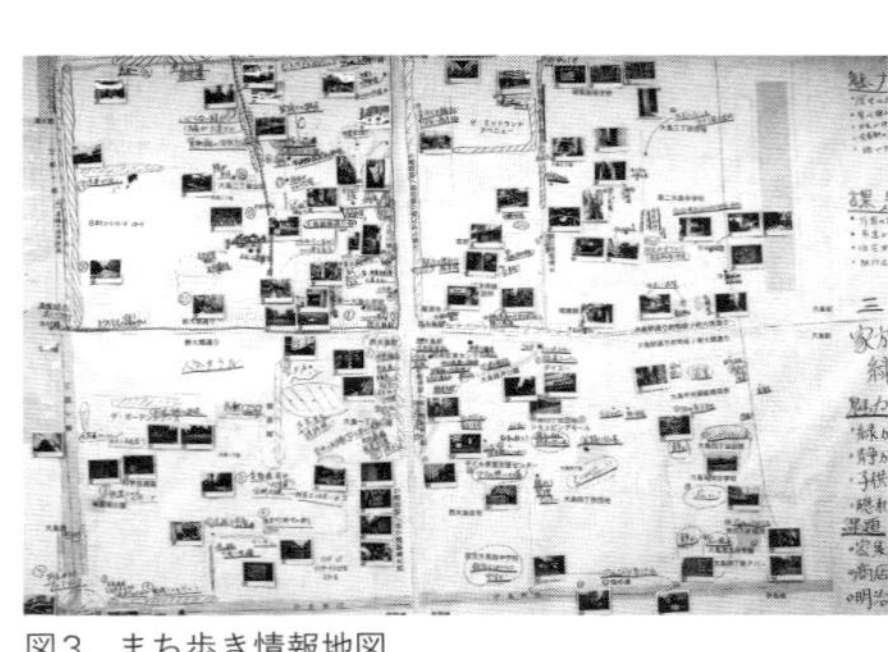

図3　まち歩き情報地図

「ガリバー地図づくり」[3]という方法では、住宅地図などを拡大コピーして3×3mぐらいの巨大な地図を使用する。その巨大な地図を床の上に広げて、参加者がまるでガリバーになったかのように、地図の上を移動して発見した情報を記入していく。地図の縮尺は300分の1～500分の1ぐらいが適当で、記入には水性カラーペンを使用する。まちづくりワークショップでは、年齢や意見の内容（魅力・課題）によって色を替える。大きな情報地図なので、準備や書き込み作業は大変だが、完成した時の満足感も大きい。迫力もあるので、展示をすると多くの人々に見てもらえる。

図4　まち歩き情報地図を囲んでの意見交換

情報地図の制作

まち歩きは、そこで発見された情報が蓄積されて編集作業が入ると、まち歩き地図は印刷物として配布できるような完成度の高い情報地図となり、多くの人目に止まるものとなる。イラストや写真を入れて表現すると、より目に止まり、また分かりやすく親しみのもてるものとなる。

また、調査や研究、計画策定、設計提案などで実施されるフィールドワークでも、成果は地図にまとめられる。フィールドワークの成果を多くの人々に示すためには、情報地図として見やすく親しみのもてるように加工することになる。次に芝浦工業大学の学生が数年間にわたるフィールドサーベイの成果として作成した東京都中央区月島での情報地図の事例を紹介する。

月島路地マップ

制作の経緯と内容

月島と言えば、もんじゃ焼きは有名だが、都市空間としては路地が有名だ。月島路地マップは、住民によってつくり出された個性的な路地の魅力を発信しようと制作された。芝浦工業大学建築学科「地域デザイン演習」での数年間にわたる成果の一部が路地マップとなっていった。演習の成果を地元の方々に聞いていただくことによって、少しずつ大学と地元との連携が進み、特に月島西仲共栄会商店街振興組合などと連携が実現した。

２００５年度の演習では、「月島路地ビール」というユニークな提案があった（図5）。この提案は、月島の特長であり生活景を育んでいる路地が再開発によって次々と消えていく状況に歯止めをかけるために、路地の存在をアピールし、その価値への人々の気づきを大きくしようと意図したものであった。日本各地で流行している「地ビール」を、「路地ビール」とかけたのだが、月島のまちの特性を的確に表現しているとして、月島もんじゃ振興会協同組合と商店街組合の支持を受けて、２００６年から実際に商品化された。ラベルやポスターは路地のドローイングで、すべて学生がデザインした。その後、30店舗ほどのもんじゃ焼き店で、また商店街の酒屋でも２０１５年まで販売されていた。

この「路地ビール」が、商店街と芝浦工業大学とが連携する仕組みを強

図5　月島路地ビール

化した。路地ビールが1本売れるごとに、10円が学生たちのまちづくり活動の基金に蓄積される仕組みになっていた。学生がまちづくりの提案や共同事業の提案、イベントのサポートを行う際に、この基金から活動費が提供されていた（図6）。

この基金による連携体制をきっかけに、学生たちの様々な支援活動が行われ、2006年度の演習では、生活景に関する調査結果をまとめて『路地の知恵』という冊子が制作された（図7）。車輪が付いた花壇を「動く花壇」、植木に添えられている小さな飾り付けを「小人の森」、路地の顔となっている花を「看板娘」と名付けて紹介。思わず「どこにあるのだろう？」と探したくなり、住民の路地への意識啓発と新たな創意工夫をかき立てた。

そして2011年から、この基金を利用して、路地マップの印刷と発行を行っている。路地マップを制作するきっかけとなったのは、この冊子の制作やすべての路地を調査して、それぞれの特徴を捉えて名前を付けていった学生たちがいたことによる。学生たちの演習の成果はかなり蓄積されていたが、路地は私有地なので路地の魅力を広く紹介することは抵抗があった。しかし、マンション建設や再開発によって次々と路地が消えていく現状と、路地内にももんじゃ焼き店や飲食店が次々とできていく状況を見て発行を決断した。制作・編集は、筆者の研究室で行っている。

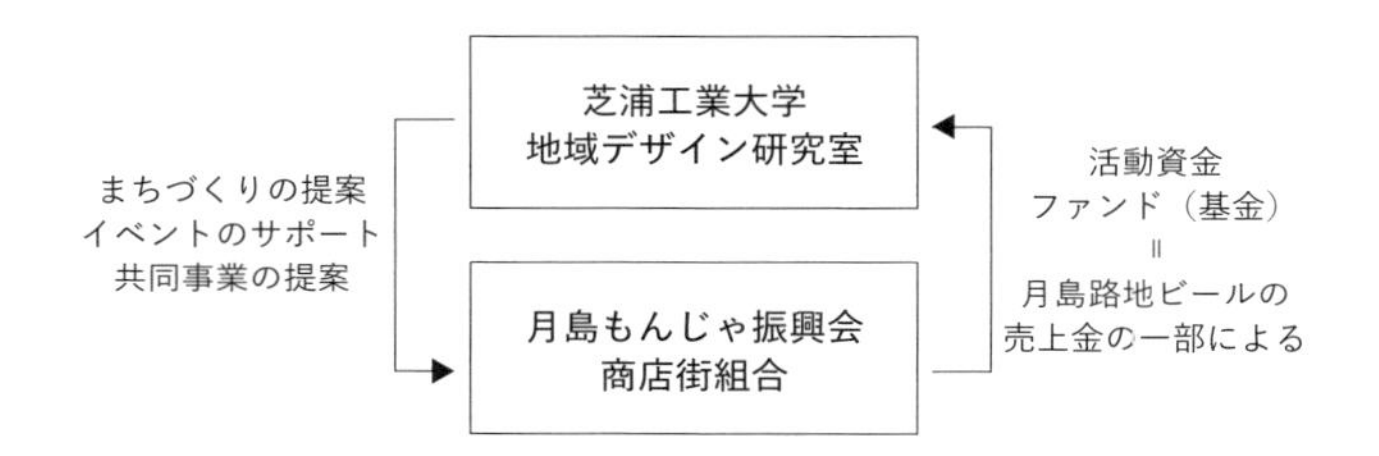

図6　月島路地ビール基金による大学と商店街との連携の仕組み

路地マップは、A3判サイズのカラー両面刷りで、片面に佃・月島の地図、もう片面には佃・月島の歴史、路地と長屋の解説、路地の構成、さらに「路地あるきの心得 五ヶ条」を記している（図8、9）。路地は私有地なので、通行には細心の注意を払ってマナーよく見ましょうという呼びかけである。

路地あるきの心得 五ヶ条

一、路地は私有地という意識を持ちましょう。

二、静かに通行しましょう。

三、住人の方や通行人と会ったときは、あいさつ（会釈）をしましょう。

四、話しかけられたときは笑顔で対応しましょう。

五、通行人や自転車には道をゆずりましょう。

地図はイラストマップになっている。イラストは、学生たちが演習やゼミナールで描いたもので、地図

図7 パンフレット「路地の知恵」（抜粋）

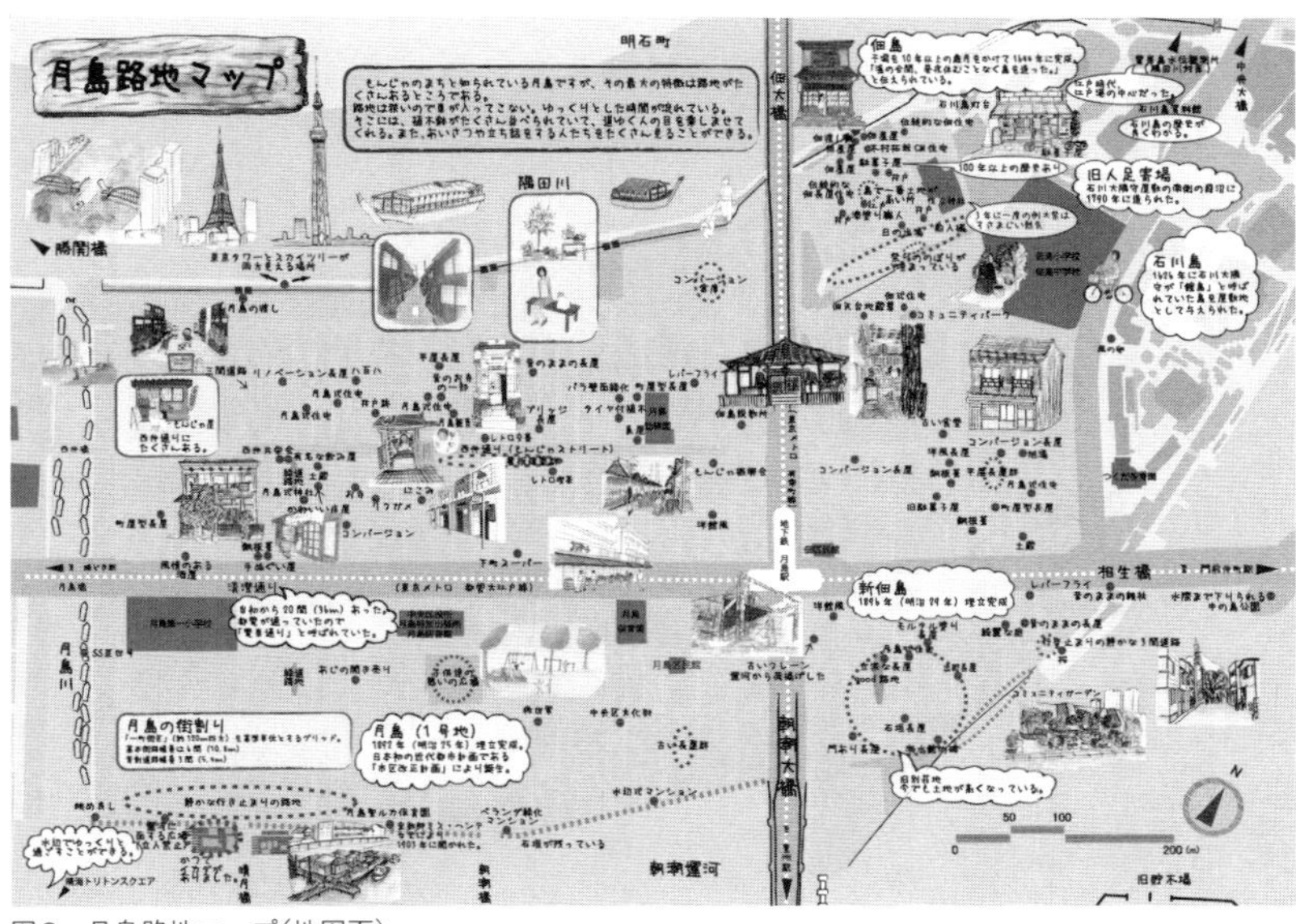

図8　月島路地マップ(地図面)

月島路地マップ

路地あるきの心得　五ケ条

一、路地は私有地という意識を持ちましょう。
二、静かに通行しましょう。
三、住人の方や通行人と会ったときはあいさつ（会釈）をしましょう。
四、話しかけられたときは笑顔で対応しましょう。
五、通行人や自転車には道をゆずりましょう。

この地図は、路地が数多くある月島のまちを大切にしたいという気持ちからつくられたものです。路地は生活の道だけではなく、このまちのコミュニティの場です。路地が無くなってしまうと、月島の良さも無くなってしまうと思います。
この地図をつかって月島のまちを楽しんで下さい。そして、路地が残るように応援して下さい。

発行　月島路地研究会
事務局：芝浦工業大学　地域デザイン研究室
URL：http://www.sim.arc.shibaura-it.ac.jp/
印刷　(株)晃正社　2011年7月

路地と長屋

佃島の路地は、狭い島の中に住宅が詰め込まれるように建っているため1m程の幅しかない。元々島は、住吉神社を除いて計35筆に分割し宅地化された。それが人口増加と共に密集して住宅が建てられるようになり、しだいに路地がつくられていった。奥行き20間程の街区の長手方向に、4～5間を単位として路地と住宅がつくられている。路地からの各住宅への入口は南側にあり、建物の北側にはなるべく窓をつくらないという慣習がある。

佃島は、関東大震災の時も焼失しなかった。隅田川を越えて飛んできた火の粉を、住民が結束して消火したと伝えられている。路地は非常に狭いので、今でも「バケツリレー」での消火訓練が行われている。

月島の路地は、佃島の路地以上に規則的につくられている。近代都市計画でつくられた島であるが、その街割りは江戸期に見られた「一町街区」（約120m四方）を基本単位として街割りされた。道路部分を除くと、一つの街区の大きさは60間となる。更に正方形の街区を二つに分割する3間道路がつくられた。この街区の大きさは、工場や倉庫を建設するにはちょうど良かったが、宅地には大きすぎた。そこで街区の長辺方向を6つに分割し、短冊状になった敷地割りの中央に路地を通し、両側に長屋が建設されていった。路地の幅は1間から9尺で、これは当時の法律によるものである。路地は50m程の長さがあり、その1本あたり24軒程の長屋が建ち並んでいる。

長屋の標準的な間口は、1住戸あたり2間で、奥行きは3.5間程である。2軒から4軒長屋が多くつくられた。1住戸あたりの床面積は44m²程と狭いが、1階と2階を別に賃貸することや、更に2階を二つに分割して賃貸することが多かった。

月島の長屋

取扱店一覧
■販売店
カワシマヤ
■もんじゃ店
いろは
大江戸豚井
おかめ
おしお
来る実
ことぶきや
宝島
つきしま小町
麹屋
バンビ
まぐろ屋
むつみ
好美家

月島路地ビール

月島西仲共栄会商店街振興組合
2011年10月9日（日）12:00～17:00「よりどりみどり市」
■西仲名物！グルメコーナー
■楽しさいっぱい♪お遊びコーナー
2011年10月16日（日）13:00開場 13:30開演「CHOO-THE-UARIETY」
会場：月島社会教育会館4階ホール
■下町こども歌舞伎　他
〒104-0052 東京都中央区月島3-15-12
TEL 03-3531-0076　FAX 03-3531-0090
URL http://www.tsukinishi.com/

月島もんじゃ振興会協同組合
2011年10月1日（土）～9日（日）
もんじゃありがとうフェア
「もんじゃを食べて海外旅行」
〒104-0052 東京都中央区月島1-8-1-103
TEL 03-3532-1990　FAX 03-3532-2090
URL http://www.monja.gr.jp/

路地の構成

歴史

石川島
江戸幕府の船手頭であった石川八左衛門正次が、1626年に「鎧島」と呼ばれていた無人島を幕府から屋敷地として与えられた。現在の大川端リバーシティの三井不動産によるタワーマンション群が林立するあたりである。石川八左衛門正次は怪力の持ち主であった。それにまつわる興味深いエピソードが「石川島資料館」に展示されている。

日本橋から鉄砲洲のあたりが、当時の幕府海軍基地だったため、この石川島は屋敷地ではあるが、幕府海軍の前線基地と位置づけられた。現在の新川に「霊岸島水位観測所」が設置されたのは、江戸時代から、そのあたりが江戸港の中心だったからである。島にはいくつかの堀があったようであり、それらは船を停泊させておく「船入堀」だったと考えられる。

「鬼平犯科帳」で有名な長谷川平蔵の進言によって1790年につくられたとされる人足寄場は、石川島の南にあった洲を造成してつくられた。現在の佃公園の池や遊具があるあたりに相当する。

佃島
1630年、摂津国（現在の大阪）佃村を中心とした漁師らが、石川島の南の干潟百間四方を幕府からもらい受けた。漁師たちは漁の合間に昼夜休むことなく島を造ったと言われており、1644年に造成が完了した。

島は、大小二つの部分がつくられ、その間が船入堀である。現在もそれは船入堀として使われており、漁師町の面影を残している。

現在はカミソリ堤防があるので分かりづらいが、江戸の町を正面として町が構成されている。月島地区の氏神様である住吉神社は江戸の町、江戸城があった方向、摂津国の方向を向いている。田の字型に街割りされており、住吉神社側の北街区が「上町」で、隅田川寄りの方が敷地割りが大きい。祭りの時の幟の建て方も、江戸の町から見て扇形に広がって見えるように配置されている。

月島
東京の近代化以降に最初につくられた埋立地である。1887年に着手された埋立は、大幅に縮小された東京湾築港計画の一環であり、隅田川の浚渫いを兼ねていた。埋立の完了は1892年と言われており、その年に東京市区改正委員会で月島の街路計画が審議されていることから、我が国初の近代都市計画である市区改正計画によって誕生したことになる。

第一次世界大戦が始まった頃までに、多くの工場や倉庫が建設された。そこで働く労働者のための住宅が大量に必要になり、現在も残っている路地と長屋群がつくられていった。西仲通り商店街は、石川島にあった造船所と月島3丁目にあった石井鉄工所の間に形成されたものである。

1896年に埋立が完了した新佃島の東側は、かつて風光明媚なことから別荘地であった。

図9　月島路地マップ(解説面)と路地あるきの心得

全体を楽しげな雰囲気にしている。地図上には、「緑道路地」「コミュニティガーデン」「月島式住宅」「リノベーション住宅」「レトロ交番」「看板建築群」など、キーワードしか記していない。あえて「何だろう」と思わせて、実際にその場所を見にいってもらおうとしている。

初版は２０１１年7月に３０００部印刷し、その後1万部増刷した。もんじゃ振興会事務所や月島図書館などで、無料で配布している。２０１４年からは月島長屋学校のウェブサイト（http://www.tsukishima.arc.shibaura-it.ac.jp/）からダウンロードできる。

この地図により、路地歩きの来訪者も多くなっている。そこで地図に掲載した地物の情報を書籍にして解説しようと、『月島　再発見学』を月島にあった出版社から２０１３年10月に刊行した。[4] まちの情報地図を制作する場合は、このような情報地図の解説書があるとよい。この情報地図の解説書の内容については、3章、4章で示す。

「Tsukishima Alley Map」の制作

グローバル化が進むなか、日本においても、外国人居住者や来訪者が急増している。特に月島では、東京都心に近いということで、外資系企業などで働く外国人居住者が増えている。また、もんじゃ焼き店が多いことなどから観光客も増加している。また芝浦工業大学も、スーパーグローバル大学[5]となり、留学生が急増している。まちの情報発信も国際化する必要性が高まっており、また外国人から国際的な視点で意見を示してもらうことは、住民のまちに対する意識を変える可能性も高いだろう。そこで２０１５年に「月島路地マップ」の英語版「Tsukishima Alley Map」を学生たちと長屋学校メンバーとで制作して、月島長屋学校ウェブサイトからダウンロードできるようにした（図10）。筆者が懇意にしている海外の研究者[6]にもこのマップのことを知らせ、インターネットでの情報拡散をお願いした結果、大きな反響があり、米国のミシガン大学、ユタ大学の研究者や学生が月島を訪問するようにもなった。２０１６年にWalk21という「歩いて暮らせる都市をつくる」という国際会議のWalking Visionaries Awardsというコンテストで、Receives a Walking Visionary Voting Prizeを獲得することもできた。

月島長屋学校ウェブサイトでは、２０１８年１月現在で英語版マップの方がダウンロード数が多くなっている。まちづくりにおいても、グローバル化に対応することの意義は大きい。

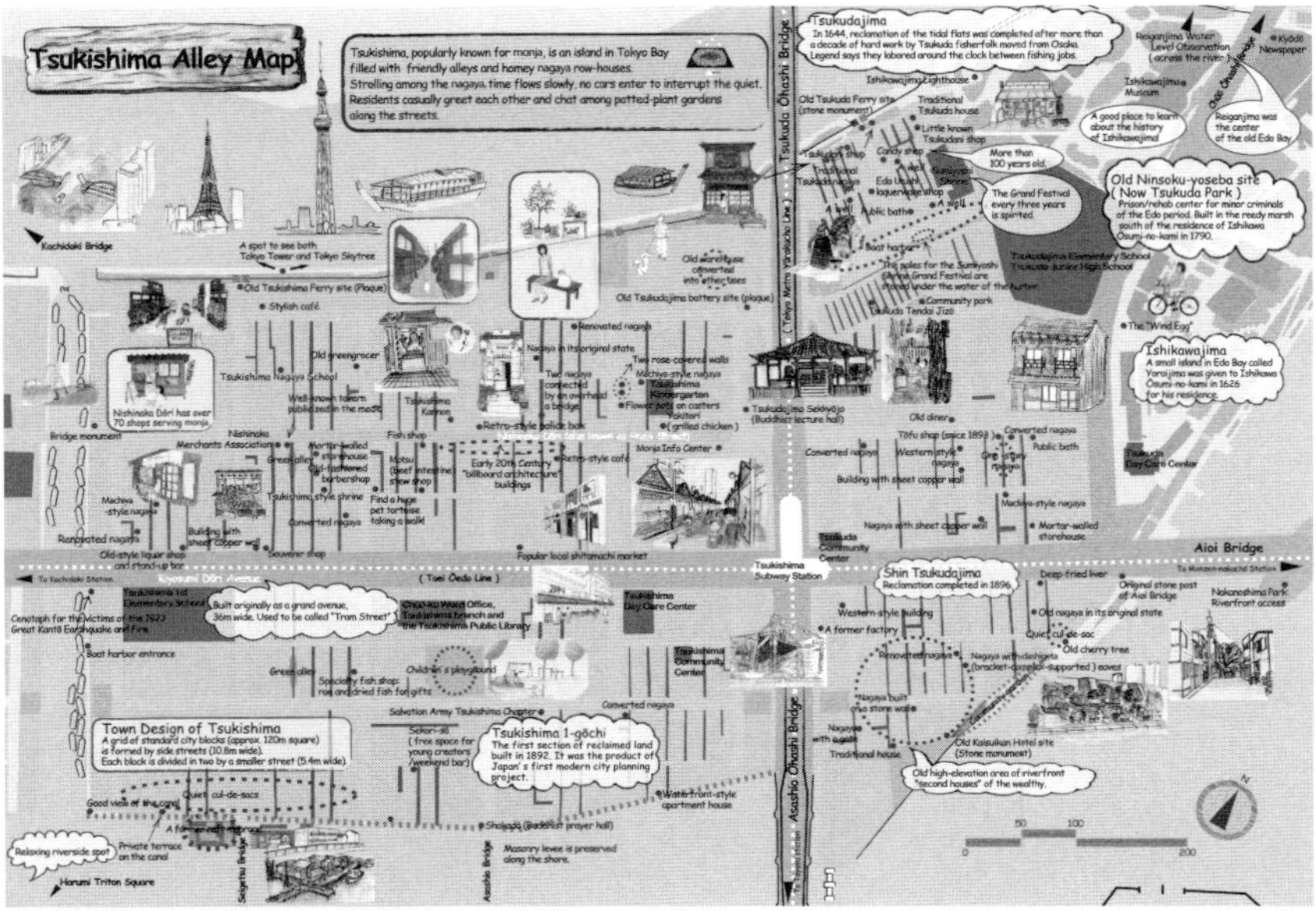

図10 「Tsukishima Alley Map」

CHAPTER

情報地図の解説書1

近世・江戸からの歴史的文脈の解読

情報地図だけでは、地域の詳細な情報を記し発信することはできないので、地図で記した情報の解説書が必要になる。月島地区では、月島路地マップと対応させて書籍『月島 再発見学』(図1)を発刊し[1]、中央区新川(霊岸島)、佃、月島、勝どき地区の詳細な情報を紹介した(図2)。

本書では、『月島 再発見学』の主だった内容を、①近世・江戸からの歴史的文脈の解読、②近代化の歴史的文脈の解読、の2つに分けて紹介する[2]。まず本章では、①近世・江戸からの歴史的文脈の解読について示す。

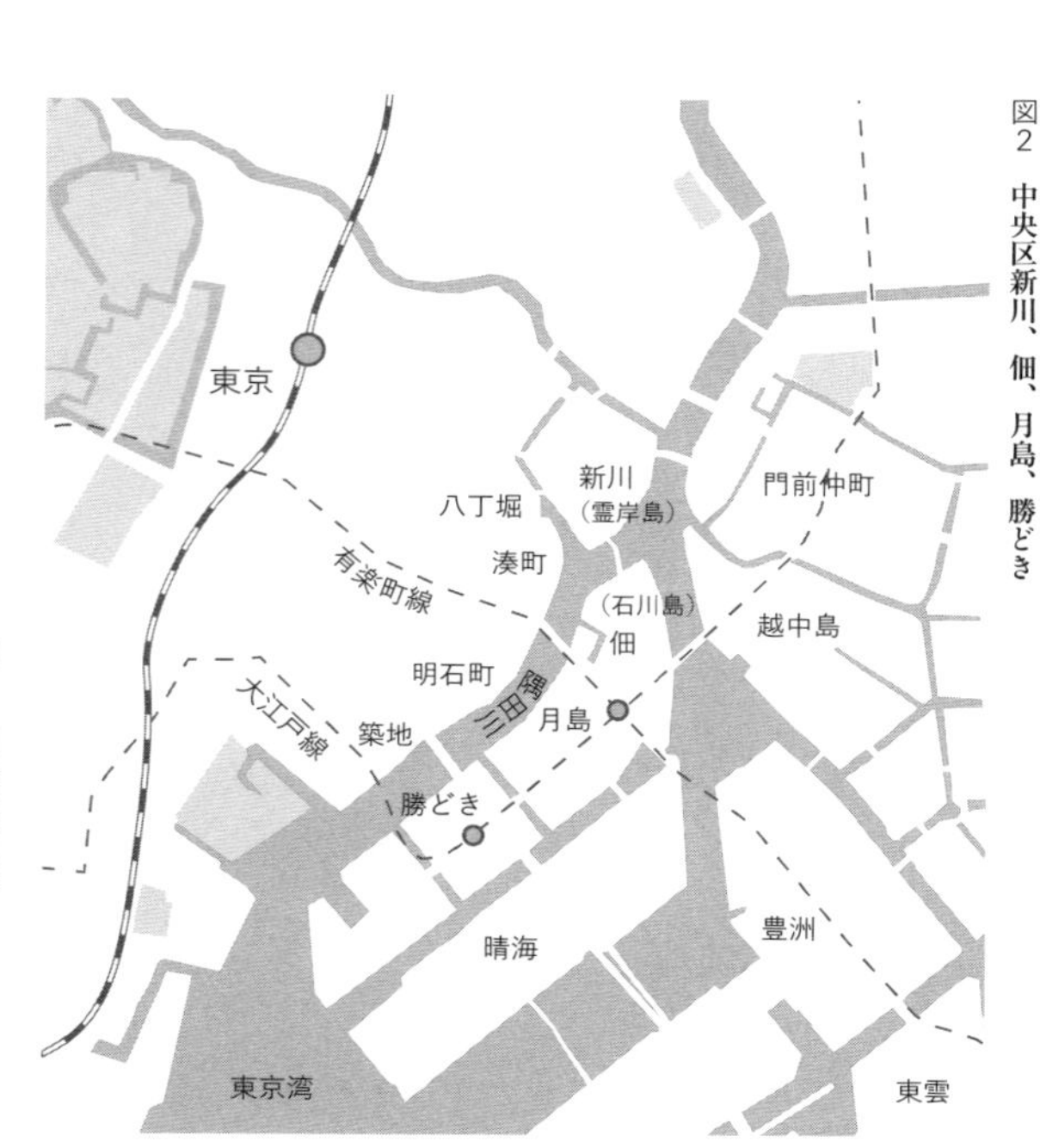

図2　中央区新川、佃、月島、勝どき

図1　月島再発見学

江戸湊　江戸と東京を支えた土地

江戸湊の碑　江戸の港湾機能の整備

日本橋から日本橋川を隅田川方向へと下っていくと、中央区新川2丁目の亀島川入り口のところに、錨のモニュメントとともに江戸湊（東京湾）の碑がある（図3）。その碑文にも書かれているが、この地区は、慶長年間（16世紀末から17世紀初頭）に江戸幕府が江戸湊を築港したことにより、舟運の中心地として江戸の経済を支えていた。江戸の建設が始まった頃、海からの玄関口でもあった日本橋の港湾機能を充実させるために、まず現在の新川や湊あたりまで埋め立てが進められた。あたかも、日本橋から天然の島として存在していた石川島と佃島を目指すようにして埋め立てが進められていった（図4）。

それ以来、江戸の海からの玄関口はこのあたりとなり、それは近代に入り東京になってからも同様で、戦前まで続いた。碑文に「昭和11年まで、伊豆七島など諸国への航路の出発点として、にぎわった」とあるとおり、川端康成『伊豆の踊子』[3]では、物語の終盤、主人公の学生が下田港から東京へ戻るために霊岸島（江戸湊）行きの切符を買うシーンが描かれている。

霊岸島検潮所と量水標跡　近代化の起点

江戸湊の碑から隅田川へと出たところに、霊岸島検潮所と量水標跡がある（図5）。三角形のフレームの中に傾いたサイコロが入っていて、まるでオブジェのようなものが霊岸島検潮所で、そのすぐ近くの隅田川テラスに立っている街灯のような柱が量水標跡だ。「霊岸島」というのは、このあたりの江戸時代の地名であり、

図3　江戸湊の碑

図4　寛永期（1640年頃）の江戸湊周辺

霊巌寺という寺院があったのでこのように呼ばれるようになった。現在の霊岸島検潮所は、近年になって整備されたもので、元々は量水標跡のところにあった量水標で東京湾の潮位を測定していた。つまり量水標跡にオリジナルの霊岸島検潮所があったということになる。

霊岸島検潮所（量水標）は、１８７３（明治６）年に設置された。ここで測定された潮位から平均海面高を求め、その高度を基準として全国の水準点高度を決定した。量水標跡の支柱は、モニュメントとして新たに設置されたものだが、オリジナルも同様に柱に目盛りがついただけだったらしい。このような簡単な目盛りで全国の水準点の基となる平均海面高を決めたのかと思うと感慨深い。

量水標跡のすぐ近くには、「一等水準点・交無号（こうむごう）」がある（図６）。この水準点からの測量で国会議事堂前の日本水準点が決められた。日本水準点とは、全国の土地や山の高度を決める基準である。一等水準点・交無号は、その日本水準点の高度を決める基準だったので「交無号」であり、量水標跡と合わせて、日本の近代測量史上重要な場所となっている。

ここに全国の水準点を決める基となる検潮所が設置されたのは、ここがかつて江戸湊の中枢だったからに他ならない。

日本橋の港湾機能を強化するために、沖合へと埋め立てが進められ江戸湊が形成された。船が行き交う水路は運河となり、新たな陸地には河岸と呼ばれる荷揚場や物資を貯蔵する蔵が整備されていった。この江戸湊が、最盛期

図5　霊岸島検潮所・量水標跡

図6　一等水準点・交無号

には人口100万人と言われた江戸市民の生活を支えたのである。

佃・大川端リバーシティ21 最先端のまちが誕生した理由

石川島資料館の鎧　石川島の由来

東京のウォーターフロント開発の先駆けとなった「大川端リバーシティ21」（中央区佃1・2丁目）は、その名のとおりタワーマンションが林立する近代的な地区である（図7）。東京湾岸地域を象徴する風景であるが、この地は江戸のまちのなかでも最も歴史がある地区であった。その歴史を読み解ける場所が、大川端リバーシティ21のピアウエストスクエア1階にある「石川島資料館」だ。この資料館は小さいものの、石川島・佃島・月島の歴史もパネルで展示されている。そのなかで一際目を引くのが「石川島由来の鎧」だ（図8）。石川島の名前の由来になっていて、寛永年間にこの地に屋敷を構えていた石川大隅守（おおすみのかみ）重次着用の鎧と伝えられており、「中央区民有形文化財」に登録されている。石川大隅守重次の子孫である石川家から現ＩＨＩに寄贈されたものだそうだ。

石川島は現在の中央区佃1・2丁目に含まれており、残念ながら住居表示

図7　石川島（大川端リバーシティ21）

図8　石川島由来の鎧（株式会社ＩＨＩ提供）

にはその地名は残っていない。中央区立石川島公園などに残っているぐらいだ。

石川島を拝領したのは、重次の嫡男・石川八左衛門政次（まさつぐ）だった。八左衛門は、1625年に徳川幕府の船手頭（幕府の船舶の管理や、山陽道・西海道の海上巡視などが任務。多くは海賊衆がルーツとされている）になり、翌26年、鉄砲洲東の鎧島（森島）と呼ばれていたあたり約1万7000坪（約5万5000平米）を屋敷地として幕府から与えられた。それ以来、この島は石川氏の名前を取り「石川島」と呼ばれるようになった。

言い伝えによると、石川八左衛門という人は、怪力の持ち主として知られていた。1622年の宇都宮釣天井事件（下野国宇都宮藩主の本多正純が、宇都宮城に釣天井を仕掛けて第2代将軍徳川秀忠の暗殺を図ったとされた事件）では、将軍が乗った駕籠を一人で担いでその危難を救ったといわれている。一説には、その功績で鎧島に屋敷地を与えられたという。またほかに、「将軍家光の時代に、異国から献上された鎧が重くて誰も持ち上げることができなかったが、石川八左衛門がそれを片手で持って御前に披露し、大変感心された」と伝えられている。[4] いずれにしても怪力の持ち主で、それが功績につながり鎧島を与えられたのだろう。

石川島　徳川幕府海軍基地の由来

徳川家康が江戸城に入ったのは、慶長年間初期（1590年頃）である。1章図2に示すように、その当時の江戸には2つの入り江があった。日本橋近くの「江戸湊」と日比谷入江であった。日比谷入江は、当初軍港としての機能を期待されていた。[5] しかし1600年に関が原の戦いで家康が天下をとってからは、日本国内では大規模な水軍が必要なくなった。逆に、日本近海に多く出没しつつあった南蛮船が、もし日比谷入江に進入してきたら、江戸城はその艦砲の射程距離内であった。そのため日比谷入江は埋め立てられることになり、日本橋あたりを中心とする江戸湊が、江戸の港湾機能を担うことになった。

徳川家康は、1590年に江戸に入り、江戸建設に着手しはじめた。太田道灌が築いた江戸城は荒れ放題で、周辺も日本橋あたりにひなびた民家が100軒ほどあるくらいで、江戸は寂しいところであったといわれている。その頃の江戸城上空あたりから江戸湊方向を見た想像図（図9）を示す。隅田川河口の江戸湊は、現在に比べてもっと広々としていた。日本橋本町から現在の銀座あたりは江戸前島と呼ばれる半島になっていた。江戸前島から南東方向は海で、ちょうど日本橋本町あたりが入り江のような地形になっており、江戸湊の中心であった。

家康が1603年に江戸幕府を開いたのにともなって江戸のまちの建設が急ピッチで進められた。寛永期1640年頃になると建設はかなり進み、江戸湊の埋め立ても行われて、石川島と佃島が登場する。その頃の江戸は、図4のように埋め立てが進んでいた。

江戸湊に面する天然の入り江だった日本橋本町のあたりから日本橋小網町・茅場町への埋め立ては、江戸城への物資搬入ルートであり防備の生命線でもあったので、江戸建設の最優先事業として埋め立て整備され、さらに沖合に霊岸島がつくられた。[6] 江戸城の築城に使う物資を運ぶルート・また生活に必要な物資を運ぶルートは、霊岸島沖の江戸湊から平川（現在の日本橋川）に入り、日本橋を通って道三堀または常盤橋へ続くことになった。また、江戸前島の京橋の東には、江戸湊に出入りする船をコントロールすることを

図9　慶長年間初期（1590年頃）の江戸湊想像図

考えて八丁堀の船入がつくられた。このように、道三堀・日本橋川・八丁堀に通じるところが、隅田川河口の霊岸島のあたりであり、その先に、後に石川島となる森島があった。

１８５３年、幕府は水戸藩に命じて、石川島に造船所を建設させた。造船所は明治になって民営化し、石川島平野造船所となり、さらに後に東京石川島造船所となった。この時代の造船所の様子は、江東区豊洲のＩＨＩ本社1階にある「i-muse」の模型を見るとよく分かる。

１９１２年（大正元年）の石川島周辺がよく分かる陸軍参謀本部測量局地図が、『中央区沿革図集・月島編』[7]に収められている（図10）。造船所の主要な施設はかつての武家屋敷跡地に集まっており、この時代でも江戸時代の土地利用の面影が残っていたことが分かる。

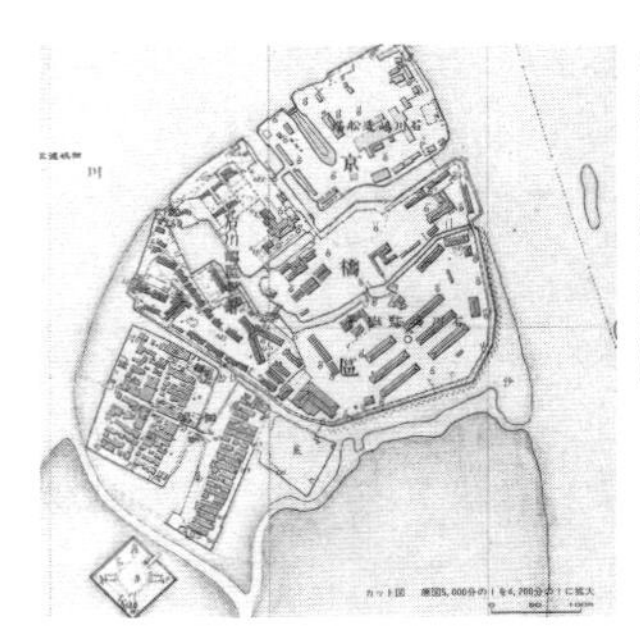
図10　石川島・佃島（参謀本部陸軍部測量局）（『中央区沿革図集・月島篇』東京都中央区立京橋図書館、１９９４、中央区立京橋図書館蔵）

石川島灯台モニュメント　タワーマンション群誕生の理由

大川端リバーシティ21の佃公園南端に、復元された石川島灯台のモニュメントがある（図11）。鉄筋コンクリート造で公衆トイレになっているために、意識して見る人は少ない。

オリジナルの灯台は１８６６年に建設され、江戸湾から入ってくる船に、日本橋や八丁堀への入り口を知らせることが目的だった。「東京明細図会」の「佃島灯明台下汐干」（図12）を見るとその様子が分かる。八丁堀へ出入りする船、また亀島川から日本橋川へと出入りする船が数多く行き交い、江戸末期から明治時代に入って

図11　石川島灯台モニュメント

も、石川島灯台があったあたりは江戸湊の中心として大いに賑わった。

江戸時代には、この石川島灯台のすぐ脇に人足寄場があった。人足寄場とは、軽犯罪を犯した受刑者や無宿者を社会復帰させるための訓練施設である。石川島灯台は、人足寄場での油しぼりといった作業の収益金で材料を調達し、人足たちによって築かれた。灯台の建設は、受刑者・無宿者の訓練と江戸湊の目印設置という一石二鳥の施策だったのである。

少し人足寄場について触れておこう。1790年に、石川氏の屋敷の南にある葭沼1万6000坪を人足寄場とすることが決まった。「鬼平犯科帳」で有名な火付盗賊改方・長谷川平蔵の進言によるものとされている。石川大隅守の屋敷は、1792年にこの地から移った。屋敷跡地は幕府御用地の人足寄場付属地となった。現在のリバーシティ地区に人足寄場の位置を重ねると、図13になる。

その後、人足寄場だったところは石川島懲役所になったが、石川大隅守の屋敷だったところは明治になって造船所になった。石川島懲役所は東京府懲役所となり、その後も何度か名称が代わり石川島監獄署となるが1895(明治28)年、石川島監獄署は巣鴨に移転した。

1896(明治29)年、三井財閥内の三井地所部が、石川島監獄署の跡地となっていた元人足寄場の土地を買い取り、その後、三井合名会社が跡地を所有した。

三井の所有となった石川島監獄署跡地は、東京石川島造船所に貸与されて、

図12　オリジナルの石川島灯台が描かれている「東京明細図会」(国会図書館)

図13　現在の大川端リバーシティ21と人足寄場の位置

戦前は石炭置き場として使われていたが、戦後は三井倉庫の倉庫が建ち並ぶようになった（図14）。この地図から石川島造船所と三井倉庫との間には、かつての石川島の堀割の跡が残っていたことが分かる。この堀割の跡は、子どもたちの格好の遊び場だったそうだ。[8]

東京石川島造船所正門は、現在の佃2丁目にある佃仲通りが大川端リバーシティに突き当たるところにあった（図15）。造船所で働いていた人々の多くは、佃の渡しで隅田川を渡って佃島に入り、佃島の中央を走る渡船場通りを抜けて佃大通りから佃仲通りを左に曲がってと、三井倉庫の敷地を迂回して造船所正門に入っていったのである。

一方、三井倉庫の入り口は、現在の石川島記念病院の裏にあった。中央区立佃中学校のグランドに接している行き止まりの道である。

複雑な土地の所有と利用は現在のまちの姿にも大きく影響している。現在、タワーマンションが建っているところ、公園になっているところ、道路が急に行き止まりになるところ、自動車が入ってこない遊歩道となっているところがある理由は、このように土地の所有と利用の歴史が異なっているからなのだ。人足寄場だったところは、地盤が悪いことと人足寄場・懲役所であったという負の歴史からマンションは建てられず、中央区立佃公園となっている。そのおかげで、都心で暮らす人々は貴重な憩いの場を得ることができた。

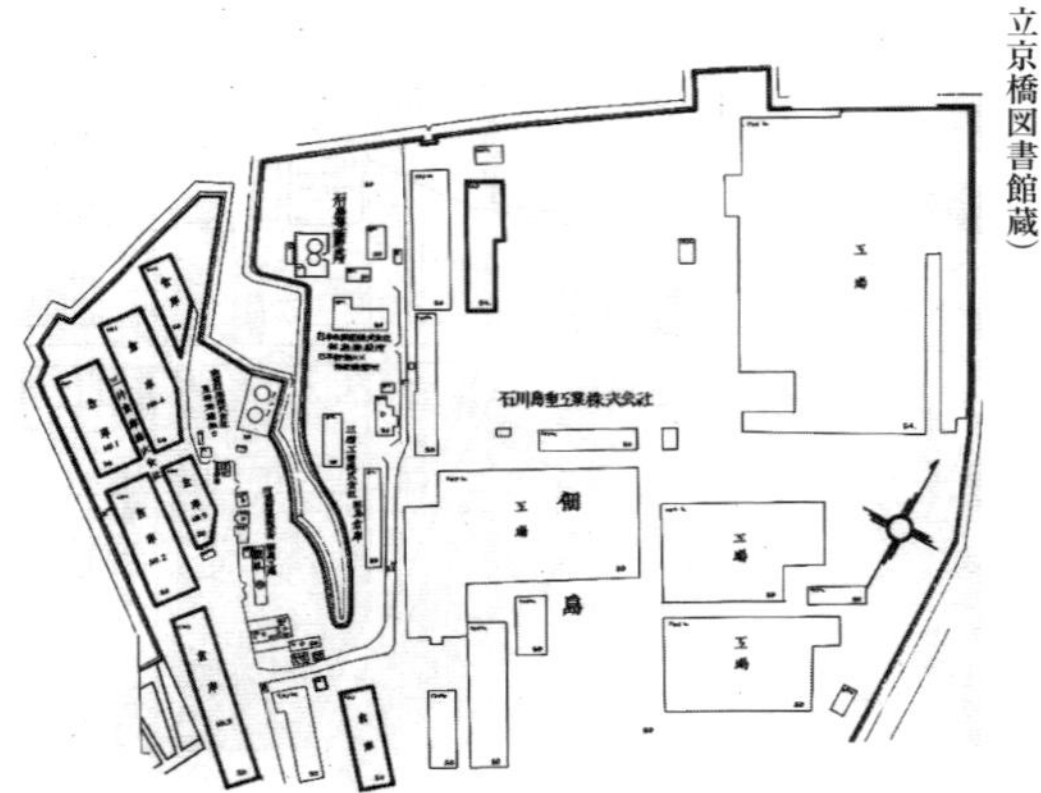

図14　昭和20年頃の三井倉庫の敷地（『中央区沿革図集・月島篇』東京都中央区立京橋図書館、1994、中央区立京橋図書館蔵）

大川端リバーシティ（図16）は1986（昭和61）年から始まった再開発で、かつての東京石川島造船所である石川島播磨造船所の土地と三井倉庫が所有していた土地を合わせた、約9ヘクタールにも及び、都心としては非常に大規模なものだった。三井不動産、住宅・都市整備公団（現都市再生機構）、東京都、東京都住宅供給公社などによる事業であったが、施設配置・建物高さ・意匠などに関して一体的な計画によるものとして高く評価されている。これも、三井地所部が石川島監獄署の土地を買い取って倉庫を建て、それを石川島造船所に貸していたという両者の緊密な関係があったからこそ実現したのだ。

佃・佃島　400年前のまち並み

佃島の位置　徳川家との特別な関係

佃島（中央区佃1丁目）は、江戸時代初期から変わらぬまち割りと昔懐かしいまち並み・建物・文化が残っており、東京のなかでも人気のある歩きスポットだ。

1612年、摂津国佃村の庄屋・森孫右衛門と、佃村・大和

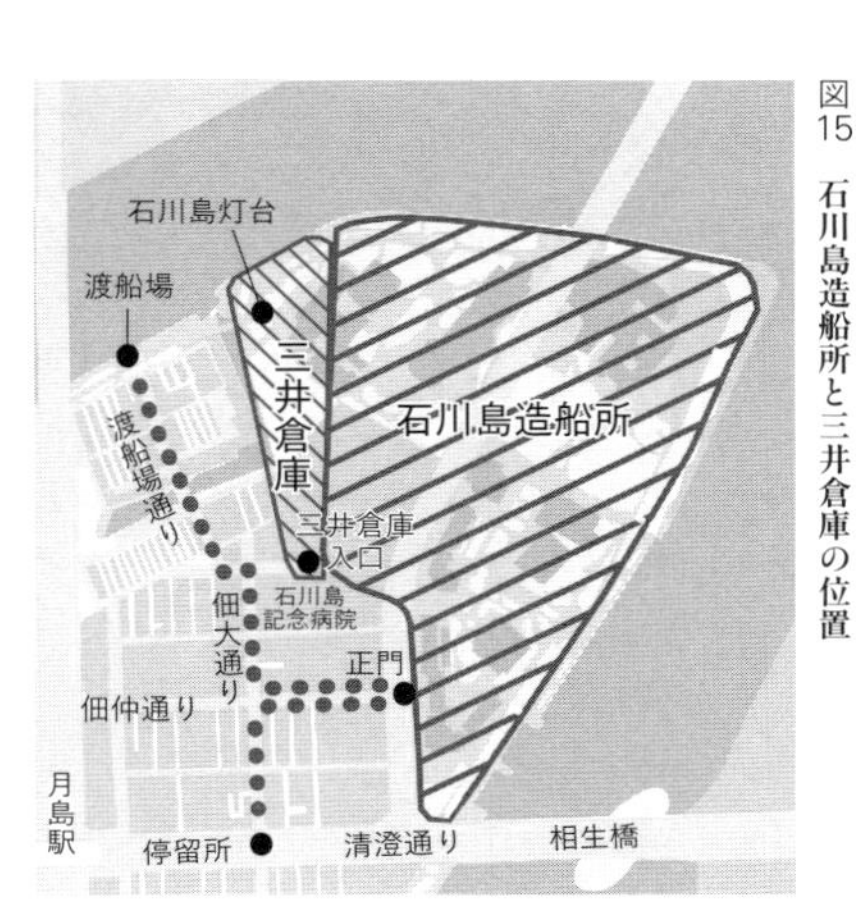

図15　石川島造船所と三井倉庫の位置

図16　大川端リバーシティ21（佃1・2丁目）

田村の漁師13世帯の計34人が徳川家康の命によって江戸に移住した。移住当初に仮住まいしたのは、小石川村の安藤対馬守重信の屋敷だった。屋敷は文京区大塚、お茶の水女子大学キャンパスあたりで、現在はずいぶんと内陸だが、江戸時代初期では小石川が平川につながり、日比谷入江から江戸湊へ通じていたので、現在の千川通りあたりを流れていた小石川沿いには漁師が住んでいた。そのため東京大学附属植物園の北西側を通る道は「網干坂」と呼ばれている（図17）。

1610年代から1620年代にかけて江戸のまちの建設や、江戸湊の埋め立てが進んでいき、日本橋本町から東に日本橋小網町、霊岸島などが造成されていった。1632年のものとされている「寛永江戸図」では、安藤対馬守の中屋敷は小網町にある。「佃島年表」[9]によると、佃村一行は1613年に小網町の安藤対馬守屋敷に入り、また同年、森孫右衛門らが日本橋小田原町に、後に魚河岸となる店を出したとされている。

当時、小網町は幕府の海軍拠点でもあった。一行は、大阪の進んだ漁法を江戸に持ち込むため、また白魚漁をして家康に献上するために大阪から移住させられたのだが、小石川村と小網町の安藤対馬守屋敷という、江戸湊で漁をするには一等地である場所に招かれたのだ。佃村一行の受けた特別な待遇は、1586年に徳川家康が摂津国多田神社に参拝した時に、神崎川の渡船を佃村が提供したことに始まったといわれている。その後も、家康の御膳に出す魚の献上や河渡し、海上隠密活動の功績があり、1613年に「浅草川と稲毛川を除く全国のどこでも漁をしてもよい」という漁業特権が与えられた。

図17　網干坂（東京都文京区千石）

当初、佃村一行は、江戸での献魚の役目がある11月から3月の期間だけ江戸に滞在していたが、毎年行き来することは大変だったため、江戸在住を懇願したといわれている。１６３０年、佃村一行は、石川島南の干潟百間（約１８０メートル）四方を幕府から貰い受けた。ここは江戸湊へと漁に乗り出すには最適な地であるが、完全な陸地ではなく造成の必要があるとともに、高波や高潮のとき水没してしまう恐れがある土地であった。しかし、摂津国佃村は神崎川と左門殿川の中洲であり、一方、江戸の佃島となる土地も隅田川河口の干潟である。佃村一行にとっては、故郷、摂津国佃村の立地状況と似ているところがあり親しみがあったのだろう。

佃村一行は、貰い受けた干潟の地形をうまく利用しながら造成工事を進め、約８５００坪（約2万８０００㎡）を陸地化した。言い伝えでは[10]「漁の合間、昼夜休むことなく島を造った」とあるが、造成には10年以上の歳月がかかった。１６４４年に島が完成したときに、故郷佃村の名前を取って佃島と命名した。工事費用は「自費」と伝えられているが、一介の漁師たちがそれほどの資金をもっていたとは思えない。江戸幕府からの支援があったことは想像してよいだろう。実際、天保年間（１８３０〜１８４４）には、住吉神社初代八角御輿の造作のために幕府から資金を借りている。また、高潮で何度か石垣が崩壊したが、修復のためにその都度幕府から資金を借りたという記録も残っている。

時代が下って１９１６（大正５）年に、徳川家康没後３００年祭が執り行われた。そこで佃島の代表が「家康公へのご恩は、富士の山よりも高く、芝浦の海よりも深い」と挨拶したといわれている。

住吉神社と佃島の形状　徳川家に捧げた設計

佃島の形状を知ることができる最も古い資料は「御府内沿革図書　延宝以前之形」[11]で、またまち割りと敷地割りまで分かる資料は1710年の「佃島沽券絵図控」[12]（金子為雄家蔵）だ。それを明治期の測量図と照らし合わせて描いた佃島の地図を示す（図18）。

佃島の設計には大きな特徴がいくつかある。

まず一つ目の特徴は、江戸城と江戸のまちに向かう西側、つまり隅田川に面するところを正面としたことだ。佃島の人々には、歴史的に徳川幕府と特別な関係があった。また生活面でも、島から船で江戸のまちに買い物に行く必要があった。島の玄関にあたる渡船場が、江戸のまちから見た島の中央につくられた。この正面性は「住吉神社例大祭」の時に最もよく現れる。祭りの幟は、江戸のまちから見て扇形に広がるように配置される。

二つ目の特徴は、「船入堀」をつくるために島を2つに分けたことだ。大小2つの島を東西に並べて、2つの島の間を船入堀にした。江戸湊の波風を避けるために船入堀の建設は必要不可欠だったが、江戸城に面する正面に船や漁業に関する雑多なものが現れることを避けたのだ。正面の反対となる東側に船入堀を配置した。ちょうど北側には石川島へと続く葭沼があり、船入堀の北の入り口を波風から守ることになった。南側には防波堤を築いた。

三つ目の特徴は、島の形状がほぼ整形で、まち割りがシンメトリー（対称形）なことだ。大きな島の方はシンプルな「田の字型」にまち割りされ、宅地となる街区の奥行きは江戸町人地の原則にならい約20間（36メートル）とされた。北側が上町（ウワテ）、南側が下町（シモチョウ）と呼ばれ、上町の西側は敷地割りが大きく、佃島に移住したメンバーのリーダーたちが住んでいた。船入堀に架けられた「佃小橋」で結ばれた小さな島は東町（ムカイチョウ）と呼ばれ、20間の奥行きの街区が一列つくられた。

渡船場から東に延びる道が、3間幅の「渡船場通り」だ。それに直交する南北方向の道（中通り）も3間幅であった。3間は町人地の標準的な道幅である。他方、船入堀沿いの河岸通りと大川端沿いの道は、船からの陸揚げ作業のために7間（12・6メートル）幅と広めにされた。

以上のような三つの特徴に加えて、島の人々の生活に欠かせない心のよりどころであり信仰の対象である「住吉神社」の配置も興味深い。佃島の住吉神社は、摂津国佃村田蓑神社の分社に始まる。佃島の完成後の1646年に建立され、住吉三神、神功皇后、徳川家康を祀っている。その正面は江戸のまち（西北西）の方角を向いており、参拝用の船着き場もあった。

住吉神社が西北西の方角を向いている理由は、①ご神体を分けてもってきた田蓑神社が西にある、②ご祭神である「住吉三神」が西から来た神である、③江戸城が西にある、の三つであるといわれている。史料が残っていないのだが、私は、このなかで③江戸城の方向を特に考慮したと考えている。神社は方向は真西ではなく大阪の方向（西南西）でもなく、江戸城の方向を向いているからだ。江戸城では、最も巨大だった寛永期の天守閣が1638年に完成し、1657年の明暦の大火で焼失したが、住吉神社が建立された時にはまだ存在していた。最頂部が海抜100メートル近くあったとされるこの天守閣は、おそらく佃島からも見えたであろう。しかし住吉神社は天守閣があった方向ではなく、江戸城内の徳川家康が祀られていた「紅葉山」の方向を向いているのだ。大体江戸城の方向ということで、それほど厳

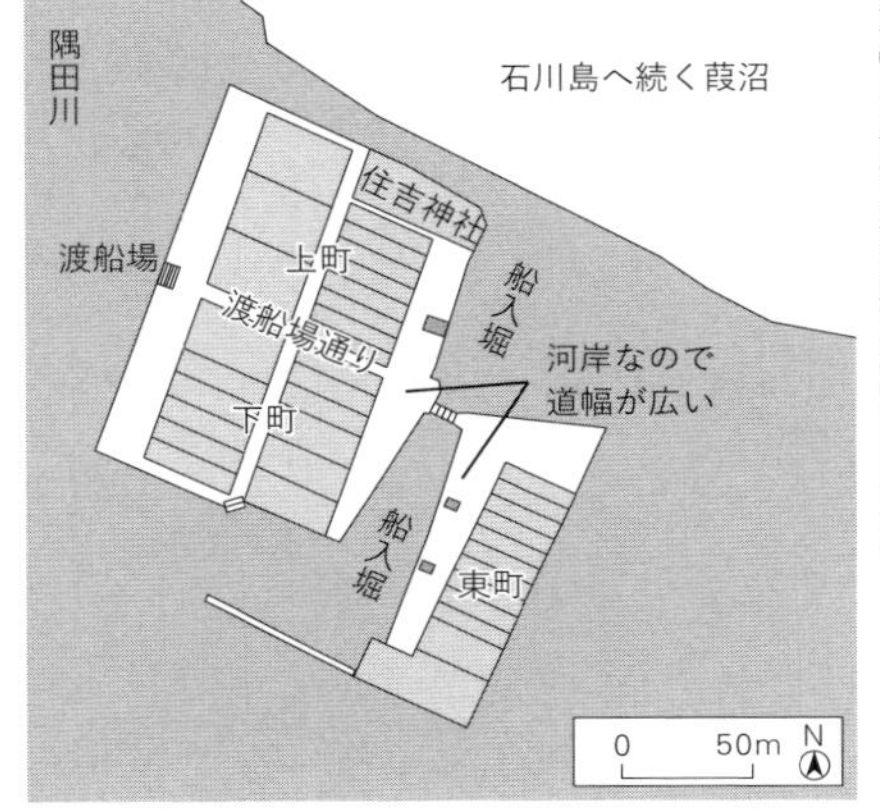

図18　1710年の佃島「御府内沿革図書　延宝以前之形」及び「佃島沽券絵図控」を元に作成

密に気にしなかったという意見もあろう。しかしやはり大阪から移住した佃村の人々によって建立された江東区牡丹にある住吉神社も、佃島の住吉神社と同じ方向を向いている。つまり住吉神社建立にあたり、その向きについて明確な意図があったことを示している。

次に、なぜ住吉神社はこの場所に配置されたのかを考えたい。神道の考え方では、神社は清い場所・上位の場所に鎮座することになっている。神道では通常、「正中」という真ん中が最も上位である。しかし佃島の中央には、佃島の玄関である船着場がつくられ、そこから延びる渡船場通りがつくられたため、神社を中央に配置することができなかった。神道では対象物に対して右側が次に上位となる。佃島の場合には江戸のまちから見て右側、つまり南側が上位となり、神聖なる神社の候補地はそこになるはずだ。しかし実際には島の北東に鎮座された理由は、北に石川島へと続く葭沼があったため、波風を凌ぐことができる格好の場所だったからだ。つまり島と島の間の最も安全な場所にご神体を祀ったのだ。さらに佃島と石川島を一体として見ると、神社の位置は島の中央・正中となる。

以上のような配置に加えて、現在でも見てとれる島の微地形も興味深い。大きな島の方では渡船場通りの真ん中、つまり島の中央が一番高く、四方に向かって緩やかに低くなっていく。小さな島の方はもっと高低差があり、街区の中央が、島の西・東端よりも1メートルほど高い。東町のすぐ東側は江戸湾であったので、波を避け、水はけをよくするための工夫だった。東町にある「佃天台地蔵尊」は、街区中央のちょうど土地が一番高くなる場所にある。狭い路地のなかにあるのは不思議だが、最も水に浸かりにくい高い場所を選んだと考えれば頷ける。

佃島のまち並み　生きつづける400年前のまち

佃島は、築島から5年後の1649年には、人家80軒、人口160人余りであったと記録されている。順調に人家が増えていったわけだが、1657年の明暦の大火では本土からの飛び火を受け15軒が焼失した。その後も火災は度々発生し、江戸時代だけで11回も火災に遭った。ほとんどが200メートルほど離れていた隅田川対岸の本土からの延焼であった。特に1778年、1834年、1838年の火災ではほぼ島全体が焼失した。住吉神社も江戸時代に4度焼失した。また1765年と1816年の大暴風雨では、島の石垣が崩壊した。

頻繁に火災や天災に遭った佃島は、どのように変容していったのか。

「鶴岡蘆水画　隅田川両岸一覧」[13]や「江戸名所図会　佃島・住吉神社」[14]には、江戸時代後期の佃島の様子がよく描かれている。これらを参考に作成したのが、1832年の佃島（図19）である。度重なる火災や石垣の崩壊で、建物や島の構造が更新されたにもかかわらず、島の形状やまち割りはほとんど変わっていない。島の形状で唯一の変化は、1808年に東町の北東部に網干し場が造成されたことぐらいだが、1832年には、この部分は宅地化されている。街区形状の変化としては、上町の北端の神社参道部分に一列宅地ができた。

「佃の渡し」は築島後間もなく始まったと推測されているが、島のまわりは砂地で水深が浅かったため渡し船のための桟橋があった。

図20は明治期1884年の「参謀本部陸軍部測量局測量図」を元に描いた佃島である。この測量図は、近代的な測量技術を用いて作成された最初の地図であり、正確な佃島の形状を読みとれる。「田の字型」のまち割りは、島の形状が若干平行四辺形なため、それに合わせるように各街区が少しずつずれ、上町の西側街区は北へずれている。渡船場通りと中通りは、「田

の字」の真ん中の十字にあたる中央の交差部で少しずれて、「鍵形」になった。

また、この測量図には建物の形状まで記載されている。まち割りは変わっていないものの、各街区・敷地が建て詰まって密集してきていることが分かる。人口の増加に合わせて、建物が増え密度が高まっていった。島の形状は基本的に変わっていないが、東町の北東側に陸化したところがあり、一部が石川島懲役所ともつながった。また佃島の南側には佃島砲台ができた。

図21は大正期の「月島調査」[15]を元に描いた１９２１年の佃島である。月島の埋め立ては１８９２（明治25）年に完成している。新佃島の埋め立ては１８９６（明治29）年に完成し、佃島の東町と石川島は新佃島と陸続きになった。これは佃島にとって大きな変化であったが、相変わらずまち割りは変わらなかった。変化したのは建物の密集度で、特に上町の西側街区の敷地が細分化され建物密度が高くなった。ほぼ江戸期のままのまち並みは、１９２３年の関東大震災でも焼失しなかった。住民が一致団結して、本土からの飛び火を消し、また延焼した建物は壊して、類焼を食い止めたという。

図22は１９４５（昭和20）年の佃島である。第２次世界大戦時に、渡船場通り南側一列が建物疎開になった。たった3日間で下町と東町の数十軒が取り壊されたそうだ。同時に、新佃島の佃大通り沿い

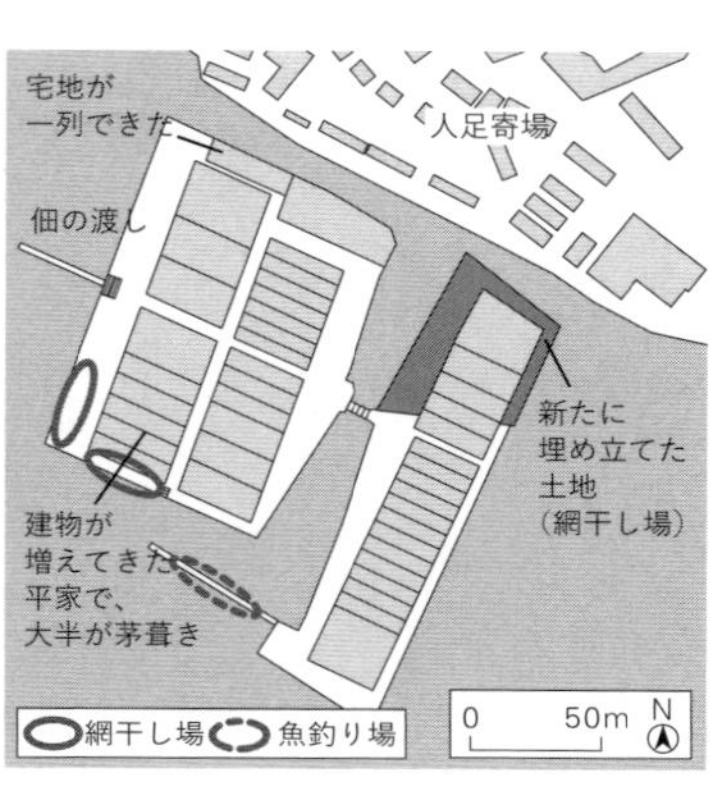

図19　１８３２年の佃島「鶴岡蘆水画　隅田川両岸一覧」及び「江戸名所図会　佃島・住吉神社」を元に作成

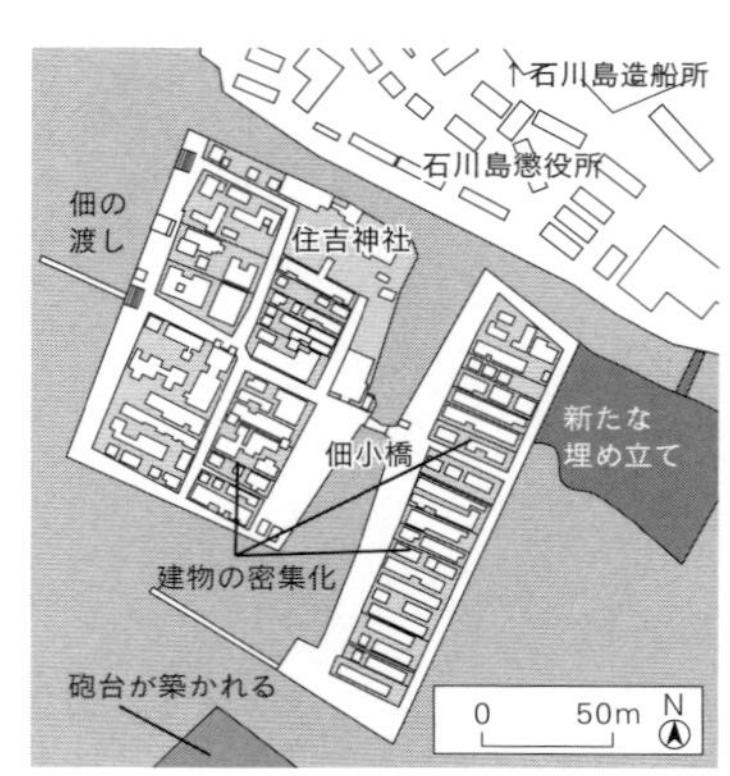

図20　１８８４年の佃島「参謀本部陸軍部測量局測量図」を元に作成

も一緒に取り壊された。これは火災の延焼を防ぐためだったが、当時軍艦を製造していた石川島を守ることも大きな理由だった。

図23は昭和後期・1975（昭和50）年の佃島である。1964（昭和39）年に佃大橋が完成した。佃大橋から続く道路を通すために、船入堀から続く月島との境界となっていた南側の堀が埋め立てられ、月島と完全に陸続きになった。その時、船入堀も埋め立てる案があったが、佃島の人々の反対があり実現しなかった。

佃小橋は、佃島の本島と東町を結ぶ簡素な橋であったが、当時の町会長の発案で、飛騨高山にある橋のデザインをまねた現在の姿になった。佃島への主要な入り口が、佃の渡しの渡船場から陸続きとなっていた月島からになり、佃小橋の重要性が高まり、デザイン変更が発案されたのだ。佃大橋を通る幹線道路の完成と佃の渡しの廃止により、佃島の主要動線が大きく変わり、佃島のまち並みも大きく変わった。

図24は2010年の佃島である。三井倉庫と石川島造船所の跡に、大川端リバーシティ21ができたことで、船入堀脇から佃公園へと抜ける小道ができた。それ以外は、街区と街路の状況に大きな変化はない。

明治期以降、月島・新佃島の埋め立て完成、建物の密集化、関東大震災、戦災と様々な出来事と状況変化があったが、佃島には現在

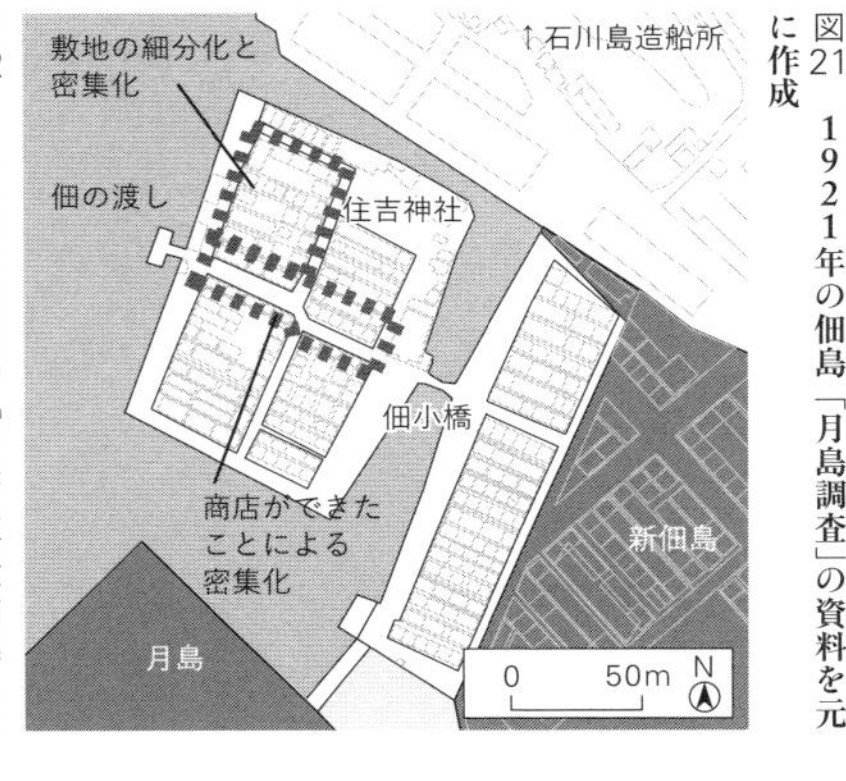

図21 1921年の佃島「月島調査」の資料を元に作成

図22 1945年の佃島『中央区沿革図集・月島篇』を元に作成

でもその歴史を見てとれる場所が多い。
たとえば、有名な伝統食である佃煮屋は「天安」をはじめとして4軒あるが、なかでも天安の建物は、束石が高くて敷居が外れるという、伝統的な佃島住宅の様式を伝えている。束石が高い理由は、高潮時の浸水から土台の木部を守るためだった。また敷居が外れる理由は、漁具や魚を洗う時に、水を道路に流すためで、漁師町に見られる建築様式だ。

この佃島住宅の様式を残す建物は何軒か残っており、大正時代の建築と言われている飯田家住宅もその一つだ[16]。飯田家住宅には、玄関を入ってすぐに井戸がある。漁具や魚を洗うためのもので、江戸時代初期から使われているものだ。この飯田家住宅のすぐ前にある井戸が佃島で最も古いものであり、現在も植木への水やりで使用されている。ところで佃島の住宅には、表札が2つある住宅が多く、飯田家には3つの表札が掛かっている。「飯田」「佃喜八」「たじま」の3つで、これらは住宅としての表札と、築地市場で使用している店舗の屋号で、昔からの店舗と新しい店舗の屋号だそうだ。日本橋の魚河岸は佃島の人たちが開いたわけだが、築地市場になっても、市場関係の店舗を持ちつづけている。

渡船場通りにある駄菓子屋は、約100年の歴史をもつ。蝋石（ろうせき）など今では懐かしくなった玩具やお菓子がたくさん売られている。

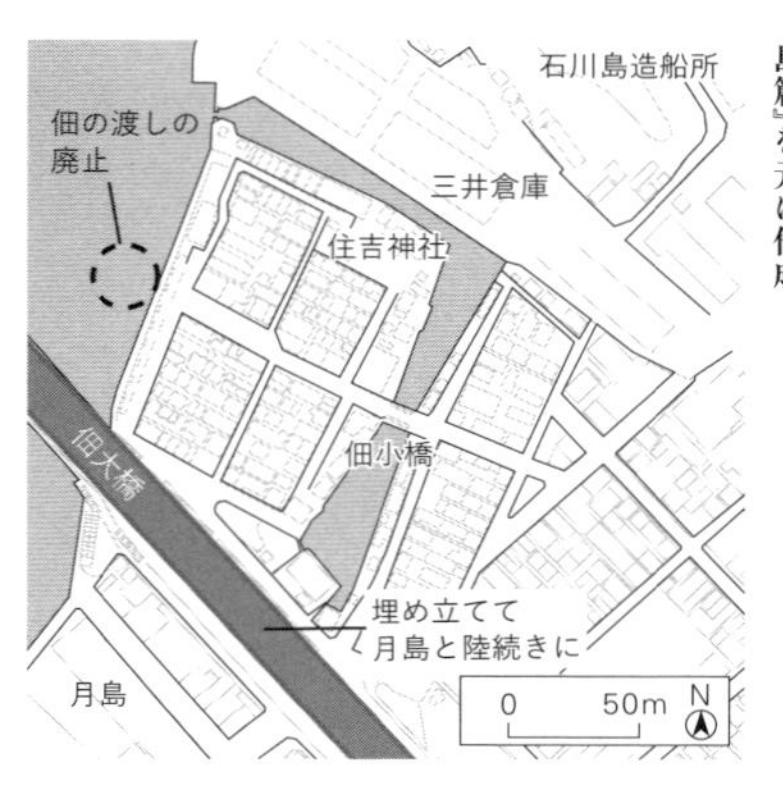

図23　1975年の佃島『中央区沿革図集・月島篇』を元に作成

図24　2010年の佃島

渡船場通りは行き止まりの道なので、めったに自動車が入ってこない。夕方、学校が終わった時間になると、渡船場通りの真ん中にまで自転車を停めて、子どもたちが駄菓子屋で遊んでいる。隣接する大川端リバーシティ21などにタワーマンションなどの新しい住宅がたくさんできたので、子どもたちが増えている。その子どもたちがこの歴史的な渡船場通りの駄菓子屋まで遊びに来るのだ。昔からの家の子どもたちと、新しい住民の子どもたちが駄菓子屋で一緒に遊んでいる。都心とは思えない、何とも微笑ましい光景だ。

東町の路地のなかに佇む佃天台地蔵尊は、石に描かれた江戸中期の地蔵菩薩様で、子どもの無事の成長を見守る地蔵様として、佃島の人々だけではなく、広く東京の人々から信仰されているという。ここで一際目を引くのは、地蔵尊の傍らに立つイチョウの大木だ。樹齢200年ぐらいだろうか。イチョウのための屋根の穴を、木の成長に合わせて定期的に広げているそうだ。路地から出て、佃堀沿いからイチョウを見上げると、家の屋根からそびえているようであり、何とも不思議な光景だ。

佃島の年配者の多くは、朝晩、住吉神社にお参りする。一緒に佃天台地蔵尊をお参りする人も多い。また、佃島の各町にはお稲荷様がある。上町には入船稲荷神社、下町には森稲荷神社、東町には於咲稲荷大明神があり、各町の人々がそれぞれのお稲荷様にお参りするそうだ。これらのお稲荷様は、すべて佃堀に集まっている。佃堀が昔からコミュニティの中心であったことがそこからも分かる[17]。

佃堀まわりの公園には、マンション住民の子どもたちや母親が多く集まる。「車の通行が少なく安全で静か」「船入堀があって気持ちがよい」「月島と大川端リバーシティ21の間にあり便利」といった理由から集まるようだ。現代に生きる歴史的なコミュニティ空間と言えるだろう。

COLUMN

佃島と大川端リバーシティ21のコミュニティ[1]

2013年末に佃島住民、大川端リバーシティ21住民、佃島小学校教諭に住民間交流についてヒアリング調査を行った。[2]

調査の結果、住民間交流の機会となっている行事としては、佃島で伝統的に行われている「佃島盆踊」が挙げられた。それに関連して佃島小学校の取り組みも挙がった。組織としては、佃島の伝統組織である「佃住吉講」が紹介された。住民が集まる場所としては、佃島の一部である船入堀周辺の公園が挙げられた。

佃島盆踊

佃島盆踊は東京都指定無形民俗文化財に指定されている。無縁仏の供養と鎮魂のための念仏踊りで、江戸時代初期の明暦の大火（1657年）後に始まったと伝えられている。現在は「佃島盆踊保存会」の主催で、毎年7月13、14、15日の夕方から夜21時半まで、佃島の渡船場通りで行われている（写真）。盆踊りへの参加者は、かつては佃島の住民だけであった。戦後、若者の参加が減少して高齢者ばかりとなり、参加者は少しずつ減少していった。大川端リバーシティ21が誕生しはじめた1988年頃には3日間合計で30～40人と最も少なくなった。そこで盆踊りの継承に危機感をもった佃島盆踊保存会は、佃島以外からも参加者を募るようになった。その甲斐あって現在で

は、参加者の9割以上が佃島以外からで、参加者は近隣からだけではなく広く関東一円からもやってくる。開催が毎年日にち固定なので、参加者は予定が立てやすく、リピーターになる人が多いそうである。

参加者が大きく増えたきっかけは、2000年頃から始まった佃島小学校での盆踊教室であり、当時の校長が佃島の風習に関心をもち、佃島盆踊保存会へ盆踊教室を依頼した。盆踊教室は6年生を対象としており、毎年1回、総合的な学習の時間を使って行われる。踊り方を覚えた6年生は、5年生と4年生に教えるという仕組みになっている。

踊り方を覚えた子どもたちのほぼ全員が、7月に行われる実際の盆踊りに参加するので、3日間とも19時までは子どもたちが踊る時間となる。1日あたり400人ぐらいの子どもが参加し、それを母親や小学校の先生、佃島の人たちが見るので、渡船場通りは人でいっぱいになる。19時以降は大人が踊る時間になるが、大人も1日あたり100人以上が参加するので、ちょうどよいくらいの盛り上がりとなる。

佃島小学校の子どもたちは、大川端リバーシティを含む佃島以外に住んでいる子どもたちがほとんどなので、佃島盆踊は佃島と佃島以外の人々との交流をつくり出している貴重な機会となっている。

佃島小学校

佃島小学校には、盆踊教室の開催だけではなく「佃島資料館」（写真）がある。元々は小学校の資料が多かったが、佃島の資料が増えてきたために、空き教室を利用して10年ぐらい前に資料館をつくった。佃島漁業

協同組合からの寄贈資料なども
あり展示品は多い。子どもたち
は総合的な学習の時間で、佃島
を含む地区の歴史を調べるため
に資料館を利用する。5年生は
毎年、総合的な学習の時間で佃
島漁業協同組合の船に乗り、ま
た佃煮工場も見学しているそう
である。また「ようこそ先輩」
という、卒業生が来校して子ど
もたちに歴史や文化について話
しをする催しが毎年行われ、佃
島から多くの卒業生が来校する
そうである。

佃住吉講

佃住吉講とは、住吉神社例
大祭（写真）の祭礼組織である。
戦後、祭礼組織と町会が一体
となるのを禁じられたため、 
1948年に結成された。祭
りだけではなく、年間を通じて
神社の維持にも努めている。神
社維持などの仕事として、まず
新年明けには、初詣における神
社の警備、春には節分と初午で
の警備、夏には祭り（3年に1
度は例大祭で、例大祭の準備は
1年前から始まる）、年末には
お稲荷様の飾り付けなどがある。
講員になるには、時間的・金銭
的負担を覚悟することが条件な
ので、自ずと講員同士の結びつ
きは強くなる。

講員数は年々減少しており、
1984年では368人であ
ったが、2012年7月では
289人となった。講員は経
験年数によって、「若衆」「大若
衆」「世話人」と出世していく
のだが、2012年7月の時
点で、世話人100名、大若
衆54名、若衆135名という
人数構成である。世話人が多い
ということからも、講員数が減
少していることが分かる。

講員の減少に歯止めをかける
ために、高度経済成長期頃から

佃島以外の住民でも加入できるようになった。住吉講に加入するためには、講員の紹介者が必要で、あとは講の役員が審査する。その審査に合格して講員になることができる。佃島以外の講員は、自ら希望して加入した住民がほとんどである。

「中央区佃島地区文化財調査報告」(1984年)[3]によると1980年6月時点で、住吉講員のうち、佃島以外の居住者数と割合は、1部(住吉神社がある北側の2街区)が30人で31・3%、2部(南側の2街区)が35人で25・4%、3部(船入堀東側の街区)が70人で52・2%、全体では135人で36・7%であった。この数字から分かるように、3部が最も早くから佃島外部の居住者を取り込みはじめた。

2012年7月時点で、3部の講員112人のうち、佃島に居住している講員は27人のみ(約25%)である。講員全体289名のうち約7割が佃島以外の居住者と推測される。佃島からの住み替えで島外へ出た人がかなり居ると思われるが、それでも過半数は佃島以外の出身者であろう。

大川端リバーシティ21の自治会

大川端リバーシティには、2つの自治会・町会がある。UR都市機構の賃貸マンションの住民による「リバーシティ自治会」、東京都住宅供給公社の賃貸マンションの住民による「コーシャタワー自治会」である。三井不動産の分譲マンションの住民による「佃リバーシティ町会」は、会員の高齢化に加えて若い世代の入会が減ったために、2013年いっぱいで解散し25年の歴史に幕をとじた。

リバーシティ自治会への住民加入率は約3割と低く、活動は防災訓練、フリーマーケット、老人会程度である。コーシャタワー自治会への住民加入率は9割以上と高く、活動は防災訓練、餅つき、コンサート、フリーマーケット、老人会などと多い。地元の消防団に入隊している人、佃2丁目の祭り組織である「新佃睦」に加入している人もいる。

佃島
2018.5.1
SIM.

CHAPTER

4

情報地図の解説書2

近代化の文脈の解読

佃・新佃島　近世と近代の交差路

佃大通りと佃仲通り　造船所が生んだまち

佃島・石川島と地続きになるように埋め立てられたのが、新佃島だ（図1）。そこには近世の佃島との関係から形成された場所や、近代以降の石川島造船所との関係から形成された場所がある。

佃島の東町から新佃島に入ったところに、三角形の小さな公園がある。正式名称は「中央区立佃島児童遊園」であるが、地元の人々からは三角公園と呼ばれている。前章で述べたように佃島は、江戸城との関係を意識して正面が定められ、まち割りされた。一方、明治になってから埋め立てられた新佃島や月島は、深川や築地の街路と連続するように考えてまち割りが決められた。佃島と新佃島でまち割りの軸線が異なることで、中途半端に残った三角形の土地が公園になったのだ。

三角公園から佃島の東町を見ると、路地の地盤が1メートルほど高くなっているのがよく分かる（図2）。新佃島ができるまで、東町がすぐ海に接していたことを物語っている。一方、三角公園から先の新佃島には、地盤の高さに違いはなく平らである。こちらはすぐ海に接していたわけではないので、地盤を高くする必要はなかったのだ。

図1　新佃島（佃2丁目近辺）

ほかにも、佃島と新佃島の境界では、佃大通りは東町の端から唐突に始まり、また三角公園の脇を通る6間幅の道も佃島小学校・佃中学校のところで行き止まりになるなどまち割りは不連続だ。これらの道は行き止まりなので自動車の交通量が少ない。歩行者が優先で自動車も通ることができる「歩車共存」の整備ができたらよいと思う。

新佃島の中心となる佃2丁目の主要道路は、十字に交差する佃大通りと佃仲通りである。幅員6間（10・8メートル）しかないのに、なぜ大通りと呼ばれるようになったのか。

都心と佃島とを直接結ぶ「佃の渡し」は、明治期以降になると、佃島の住民よりも石川島造船所で働く労働者たちに、より多く利用されていた。渡船場通りは、人々が多く行き交うことから、多くの商店でにぎわっていた。その渡船場通りから新佃島へと続く道が、佃大通りなのだ。清澄通りと佃大通りが交差する場所には、都電「新佃島」停留所があった。この停留所を利用する人の多くも、佃大通りを通るということで、新佃島にとってはまさに大通りだったのだ。

また石川島造船所の正門が大川端リバーシティに突き当たるところにあったので、佃仲通りも、多くの労働者が通っていた。

佃大通り・佃仲通りという名前が表すように、これらの通りに多くの商店が集まっていた。今でも商店は多く、そのなかには「看板建築」[1]と呼ばれる、看板を兼ねた建物立面になっているレトロな建物がいくつか残る。佃大通りの東半分には銅板張りの立派な建物も見られる。佃仲通りにも昔ながらの町家建築が残っており、そのいくつかは飲食店や美容院などへと用途変

図2　三角公園から見る佃島東町の路地。地盤が高くなっていることがよく分かる

更されている。おそらく月島駅との間を行き来する大川端リバーシティ21に住む人々の需要を見込んだものだろう。

堤防沿いのみどり　コミュニティ・ガーデン

鉢植えの緑がいたるところに見られる佃・月島のなかで、佃3丁目の晴海運河堤防沿いという目立たないところに、住民と行政との連携で生まれたコミュニティ・ガーデンがある（図3）。コミュニティ・ガーデンとは、米国から広まったもので、その名のとおり、住民が主体的に管理・運営する花壇・緑地であり、地域コミュニティの形成や緑地の増加という効果を発揮する。

佃3丁目の晴海運河高潮堤防沿い全長210メートルの間に、綺麗に植木鉢が並んでいる（図4）。周辺に大きな建物がなく日当たりがよいため、草花の育ちがよい。ここは、堤防を強固にするための側壁によって区画され、全部で53区画ある。一つの区画は間口2・4メートル、奥行2・1メートルで広さは大体5㎡だ。区画のすべてが利用されており、本当に様々な草花が育てられ、目を楽しませてくれる。たとえば春には、サクラ、ツバキ、ヒャクニチソウ、スイセン、マーガレット、パンジーといった花々が楽しめる。夏にはユリ、ヒマワリ、アサガオ、ツリガネソウ、グラジオラス、カーネーション、ゼラニウム、マリーゴールドといった花々が楽しめる。なかには盆栽もある。

ここで草花を育てている人々のなかで、特に多くの区画を使って草花を育てている婦人に話を聞いてみた。彼女によると、ここは元々空き地で、ゴミの不法投棄が後を絶たない場所だった。それに困った近隣の住民が、2000年頃、草花を育てる場所として貸してほしいと東京都に頼み込んだ。堤防沿い陸側の3メートルほどの幅は、管理用道路用地として東京都が所有している。役所というところは、大抵このような要望を受け入れないのだが、住民の押しが強かったのか、東京都は移動できる植木鉢なら置くことができるという許可を出した（正式な許可ではなく、黙認だと思われるが）。はじめは東京都から黙許を取った夫婦だけだったが、しだいに草花を育てるのが好きな近隣の人々が加わり、綺麗な植木が並ぶ場所になった。

現在、ここを管理しているのは、中央区環境土木部水とみどりの課である。中央区が管理するようになった経緯について、この担当課に聞いてみた。近年、中央区は水辺空間の整備を進めているが、晴海運河の親水テラス整備の一環として、堤防の陸側にも遊歩道を整備することにした。その時すでに近隣の人々が植木鉢を並べて、草花を育てていた。このような場合、行政指導で植木は排除されるのだが、せっかく植木を綺麗に育てる住民活動があるので、中央区は遊歩道整備後に、堤防沿いの区画を希望する住民に貸し出すことにした。2007年の遊歩道整備と同時に、区画ごとに棚を整備し、散水栓を3カ所、街灯を8カ所整備した。中央区によると、整備費がそれなりにかかっているとのことだが、その分、植木がきれいに並べられるので見栄えがよく、周辺に住む人々や散歩する人々からも喜ばれているということだ。

図3　佃3丁目堤防沿いにあるコミュニティ・ガーデン

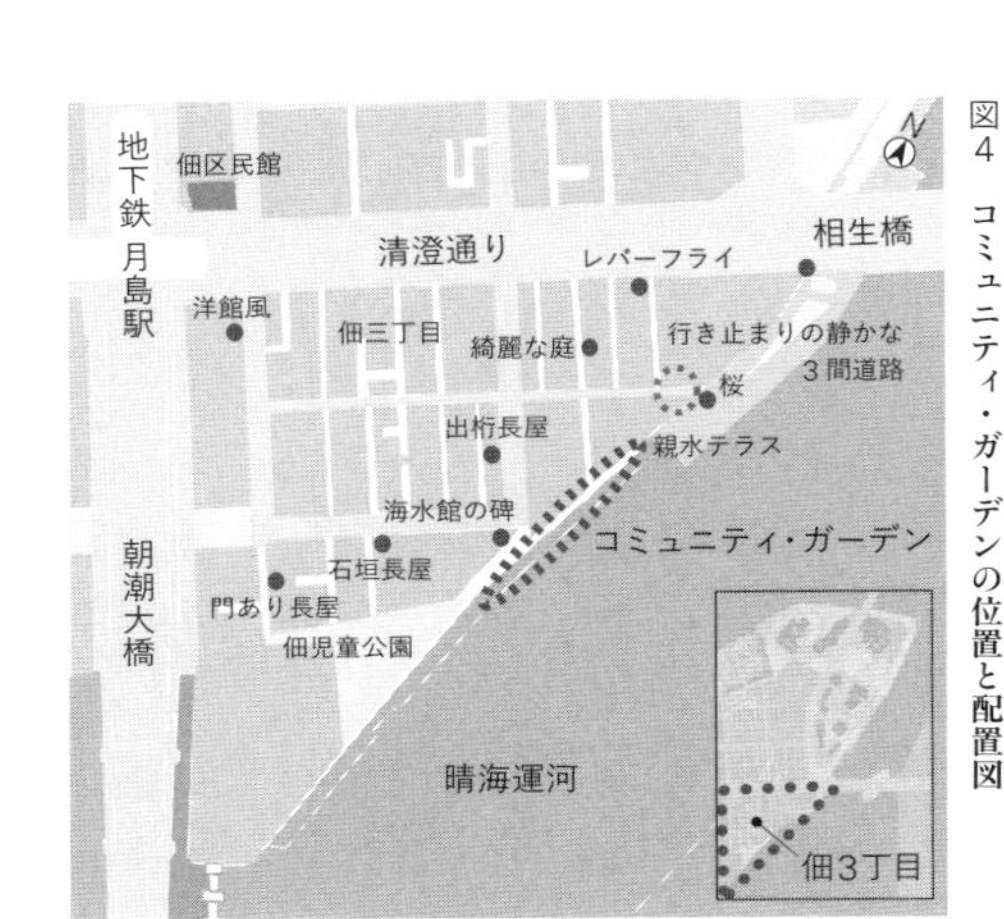

図4　コミュニティ・ガーデンの位置と配置図

中央区は、ここで草花を育てるためのルールをいくつか設けている。「植木鉢を用いること」「1年ごとに使用許可を受けること」などだ。植木鉢を用いる理由は、草木の根が堤防を傷めるのを防ぎ、緊急時にすぐに移動できるようにするためだそうだ。

2012年5月時点では、53区画のすべてを31人の住民が借りて植木を育てている。つまり複数の区画を借りている人も結構いる。ここを借りているのは、近隣の佃3丁目の住人が16人と半数を占めているが、マンションが多い佃2丁目からも6人いる。さらにちょっと離れている月島1丁目、2丁目、4丁目や、さらに遠い勝どき4丁目からも借りている。

これまで何度か区画の空きが出たが、そのような時は中央区が植木ボランティアを募集する（図5）。現地に看板を立てるだけなのだが、早ければその日のうちに希望の申し込みがあるほど人気が高いそうだ。

このように住民が公共用地を美しく植木で彩る活動は珍しく、中央区内ではここだけだ。背景には、佃・月島に住んでいる人々の地域文化がある。歴史的に長屋がほとんどで庭がないため、住んでいる人たちは植木を育てて日々の生活に潤いをもたらしている。最近では、マンション住まいで庭のない人が、このコミュニティ・ガーデンを借りている。これらの人々が互いに苗のやり取りや育て方のノウハウを教え合うことなどにより、新しいコミュニティをつくりあげている。

図5　植木ボランティアの人々

月島　日本の近代化を支えた土地

清澄通り　日本初の近代都市計画が生んだ幹線道路

たくさんの自動車がスピードを出して走り抜けていく清澄通り（月島通り）（図6）。毎日何千人もの人々が何気なく通り過ぎていく。

１８６８年の明治維新を境として、近代化・西洋化を目指す国家の方針に従い、江戸は武家社会の城下町都市から近代都市東京に変わっていった。しかしそれは順風満帆に進んだわけではなく、様々な紆余曲折があった。

１８７２（明治5）年に、銀座で１００ヘクタールを焼失する大きな火事があった。この銀座大火からの復興が「銀座煉瓦街の建設」で、大火からわずか6日で煉瓦街の計画が発表された。幅員15間（27メートル）の中央通り（銀座通り）といった街路の整備・区画整理事業とともに、煉瓦造の店舗併用住宅を建設した。火災都市からの脱却と同時に、不平等条約[2]の解消を目指した明治政府にとって、首都東京の中心にふさわしい威容ある不燃市街地を建設することが喫緊の課題だった。外国人技師ウォートルス[3]の力を借りて西洋のまち並みを模倣するという大胆な施策は、翌73（明治6）年には一部が完成したが、財政が逼迫し、煉瓦造の技術力も欠如し、住民にも不評だったため成功とはとてもいえなかった。つまり、単にまち並みの見栄えだけを気にした事業で、緻密な近代都市計画ではなかったのだ。

図6　清澄通り

この失敗から、本格的な近代都市計画の検討が始まった。1884（明治17）年に、東京府知事芳川顕正は、総合的な東京の都市計画案を内務省に送った。しかし、代議士や財界人といった様々な利害関係者の思惑に翻弄され、なかなか決定には至らなかった。1888（明治21）年に、内務省の調整によって、ようやく日本初の近代都市計画「東京市区改正条例」が公布され、同時にこの都市計画にもとづく事業計画を審議・決定する「市区改正委員会」が発足した。その結果、具体的な整備計画としてまとまったものが「東京市区改正計画」[4]だ（図7）。道路・鉄道・橋脚などの都市施設の整備が中心で、皇居の周辺と日本橋・京橋地区といった東京の中心部が主な整備対象地区だった。

この計画で、初めて月島が歴史上に登場する。東京市区改正委員会の議事録[5]に、月島の埋め立てと街路計画が載っている。月島の埋め立ては1887（明治20）年に着手された。その埋め立てが完了し、1891（明治24）年には月島の街路計画が審議されている。第120号議案「佃嶋地先埋立の件（月島1号地の計画）」だ。内容としては、「明治二十年許可を得て着手中のところ、月島（一号地）が竣工した。市区改正計画に基づき、第一等第一類を中央に、六間道路を碁盤目状に通し、さらに等外道路（三間道路）を通し、それ以外を市有地に組み入れる」とある。議事録に添付された地図（図8）を見ると、中央を横切る清澄通りが二〇間（36メートル）、それ以外の道は六間（10・8メートル）

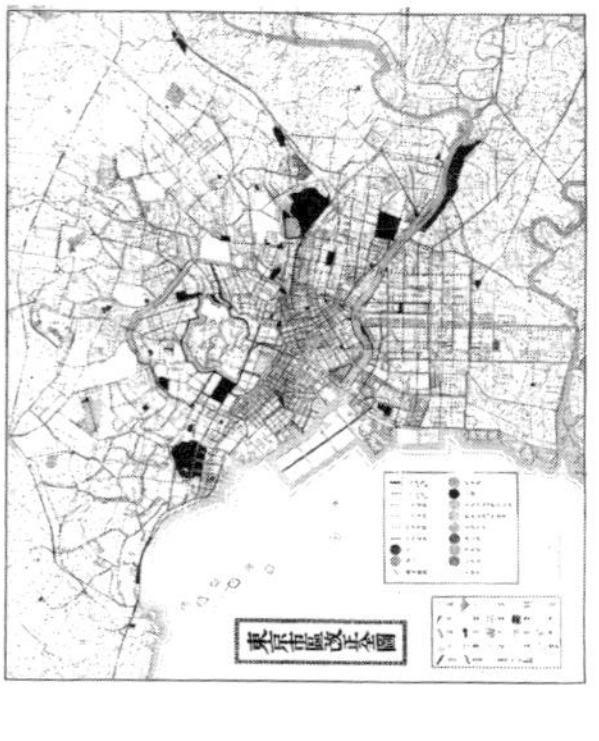

図7　「東京市区改正計画」（出典：国立公文書館）

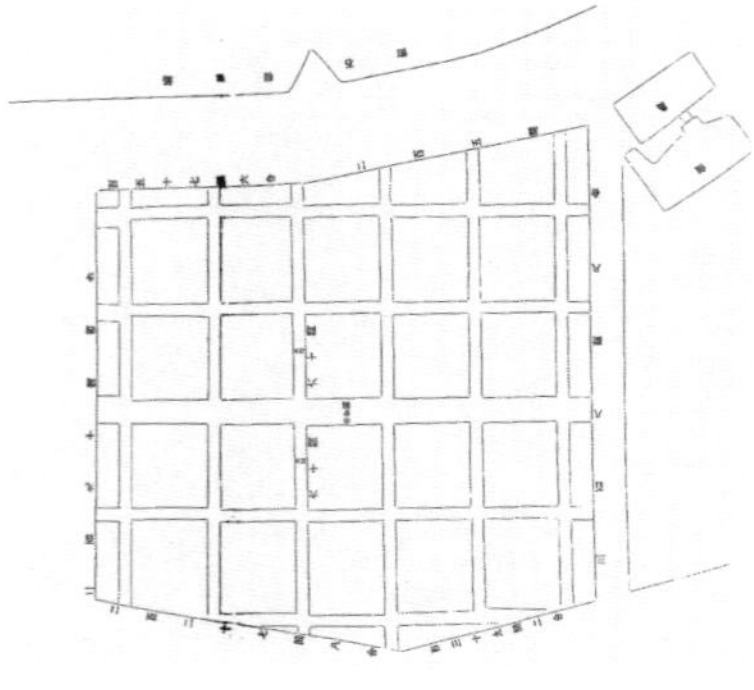

図8　月島（1号地）の街路計画図　東京市区改正委員会議事録より

と書かれている。

東京市区改正計画における街路計画で一番広い道路と位置づけられたのが、幅二〇間の第1等第1類道路であった（表1）。江戸時代までは、広幅員な街路は通常幅六間で、最も広い道路でも幅10間程度であり、二〇間道路は、当時としては桁外れに広い道路だった。欧米の近代都市に引けを取らない都市にするための威信をかけた計画だったのだ。そこでまず皇居周辺を重点的に整備することになり、第1等第1類道路が皇居周辺に数多く整備された。皇居周辺以外につくられた二〇間道路は、万世橋から上野広小路にまでの中央通りと、後に清澄通りという名称になった月島通りだけだった。月島に第1等第1類道路がつくられた理由は、月島を東京港にする計画があったからだ。しかし横浜市の反対などに遭い実現しなかった。それで埋め立てと第1等第1類道路という幹線道路の計画だけが残ったのだ。

近代都市計画である東京市区改正計画にもとづいてダイナミックに二〇間道路が整備されただけではなく、地区レベルの街路整備が最初に実施されたのが、月島だった。

清澄通りは現在でも広いと感じるほどの広幅員街路だが、整備された当時は、その広幅員をもてあましたのだろう。『月島発展史』[6]に、明治40年頃、住民から「道路の幅員を狭めたい」「道路に建物を建てたい」という要望が出されたと紹介されている。なんともユーモラスな話である。

このように清澄通りは、誇らしい歴史があるのだが、現状は街路樹のプラタナスも剪定され過ぎて見栄えがしない。第1等第1類道路や東京市区改正道路と誇らしげに呼べるような道になればと思う。

表1　東京市区改正計画における街路幅員

	道路種					
	1等1類	1等2類	2等	3等	4等	5等
道路幅員（単位：間）	20	15	12	10	8	6
（メートル）	36	27	21.6	18	14.4	10.8

六間道路と三間道路　江戸のまち割り

1892（明治25）年、1号地・月島、1894（明治27）年に2号地・勝どき、1896（明治29）年に新佃島の埋め立てが完了した。それぞれの埋め立て完了に合わせて、東京市区改正計画によってまち割りが決められていった。

『東京市京橋區全圖』は、まち割り完了後最初につくられた地図だ（図9）。中央を走る幅36メートルの清澄通り以外は、5等道路で6間（10・8メートル）と定められた。この六間道路が碁盤目状に通っている。

この六間道路の通し方が、江戸期に見られた「一町街区」のまち割りになっている（図10）。一町とは約120メートル四方で、道路中心線から道路中心線までをこの長さとした。[7]そうすると一つの街区の大きさは、道路部分を除くと約109メートル四方、すなわち60間四方となる。さらに一つの街区を使いやすくするために、正方形の一町街区を2つに割る「背割り道路」として、三間（5・4メートル）の道路が清澄通りと平行して通された。

このように月島では、近代的な都市計画の考え方を取り入れつつも、近代以前の江戸期の考え方も取り入れてまち割りがされたのだ。江戸のまちはこの一町街区でまち割りがされていたが、関東大震災後に実施された帝都復興事業で、そのまち割りはかなり変えられてしまった。それに対し月島は、近代以降に生まれたまちであるにもかかわらず、近代以前の一町街区というまち割りが残っている。

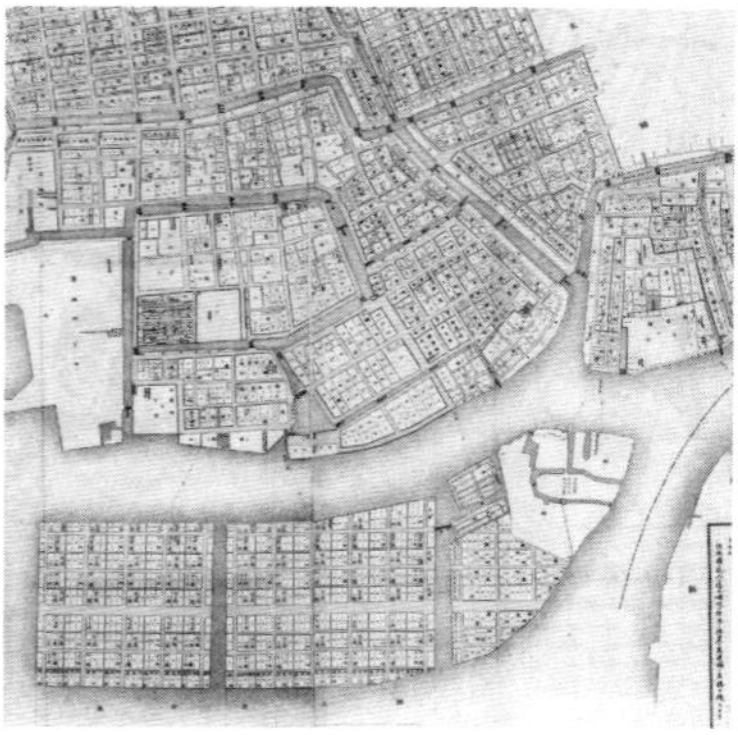

図9　1897（明治30）年の月島（『東京市京橋區全圖』1900（東京都立中央図書館蔵）

一町街区に三間の背割り道路を通したわけだが、それでも街区規模は大きく、工場や倉庫といった大規模施設用地には向いても、宅地用地には向かなかった。そこで路地が形成されていった。路地の形成には、基本的なパターンがある。一つの街区は、長辺方向を間口10間ずつで6つの短冊状の敷地に分割して利用された。月島に乗り込んできた民間事業者は、第1次世界大戦が始まった1913（大正2）年頃までに多くの工場や倉庫を建設したが、その労働者のための住宅が大量に必要になり、短冊状の敷地の中央に幅約1間から9尺（1・8〜2・7メートル）の路地を通し、労働者向けの住宅である長屋を建設していった。この路地に面して建てられた長屋1戸の標準的な間口は2間で、二軒長屋や四軒長屋が多く建設された。

路地がこのように狭くつくられた理由は、当時の道路幅員に関する規制にある。1919（大正8）年に制定された「市街地建築物法」は、建築敷地は9尺（2・7メートル）以上の道路に接するよう義務づけた。月島の路地が形成されたのが、この市街地建築物法が制定される前後だったので、9尺の路地が多くつくられたのだ。ちなみに1938（昭和13）年の市街地建築物法の改正により、建築敷地の接道道路最低幅員は4メートルに引き上げられた。それ以降、日本のまちでは路地が新たに合法的につくられることはなくなった[8]。

現在の月島は、大きな開発がいくつかあったものの、六間道路と三間道路のグリッドのなかに、多くの路地が規則的に通ってい

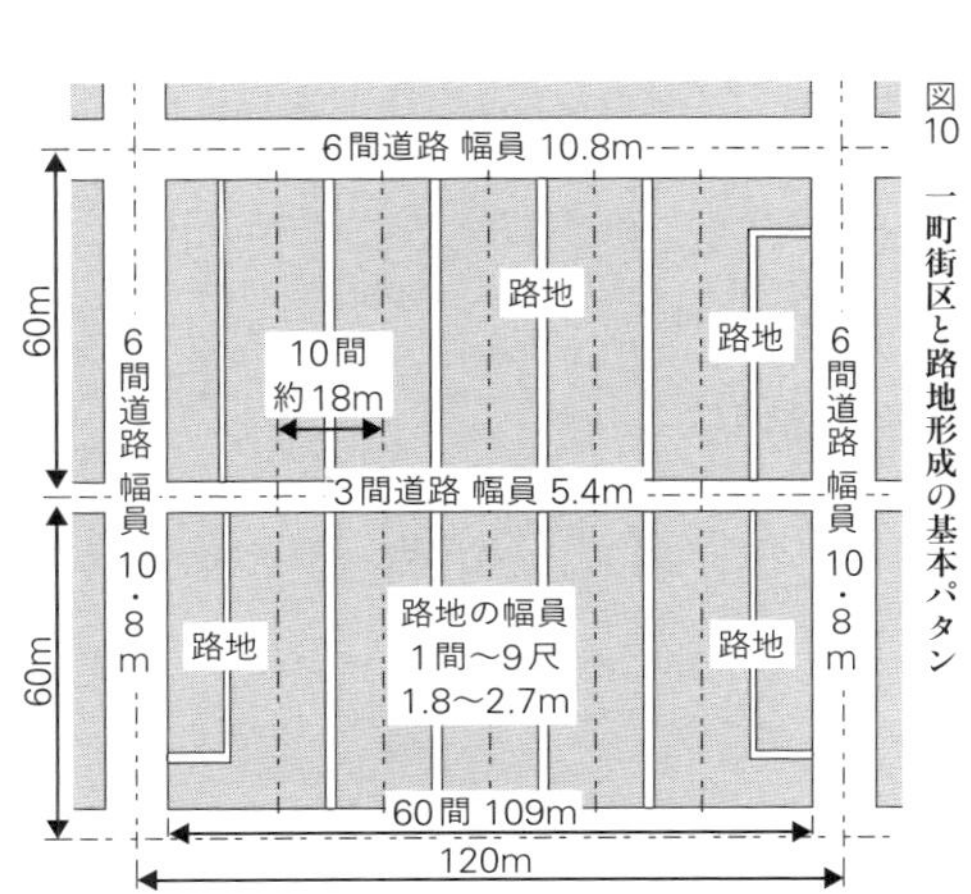

図10 一町街区と路地形成の基本パタン

る。月島1丁目から4丁目のなかに100本近くの路地があり、その総延長は4キロメートルを越えている。

島であるため、月島には行き止まりの道路が多いので、路地だけではなく三間道路や六間道路でも自動車の通行は少ない。歩行者の方が多いので、自動車は遠慮がちに走る。道路にも生活感がにじみ出ているのが、月島のまち並みの魅力である。

ここで①路地、②三間道路、③六間道路の順番で生活景の様子を見ていこう。

①路地（図11）

路地に面する長屋などの住宅には、敷地面積が狭いため庭はない。路地もアスファルト舗装をされて土はない。そこで住民は、たくさんの植木を並べて、路地をあたかも自分たちの庭のように緑化している。植木鉢だけでは飽きたらず、鉄筋コンクリート製の防火水槽までもプランターとして使っている家もあり、高木もいくつか見受けられる。路地は私道であり、用事がある歩行者だけしか入ってこないので、住民たちのセミプライベート空間といえる。また町内会の「班」が路地を単位としていることもあり、住民はお互いの家族構成などをすべて把握している仲なので、遠慮なく植木鉢をたくさん置くのだ。

1980年頃、東京大学建築計画研究室が月島の路地を調査した。[9] その成果として、様々なものが置かれている路地を描き込んだ図面が作成された。規則正しく長屋が建ち並び、路地に植木鉢などが多く置かれている状況が明確に示されている。同研究室は、このような状況を「溢れ出し」「表出」と呼んで、住民たちが自分たちの領域を示す行動とした。

図11　路地の生活景

②三間道路（図12）

三間道路は、西仲通りといった六間道路の間に、清澄通りと平行な方向に通されている。三間幅の道路は、関東大震災後の帝都復興事業や戦後の戦災復興事業で、東京じゅうで数多くつくられた。4メートル以上の幅があるので建築基準法上の道路であり、自動車の通行にも支障はない。月島の三間道路は歩行者帯があり一方通行なので自動車は減速して走る。それをよいことに、植木鉢を道路上にまで並べている家が多い。路地に比べて陽当たりがよいので、大きな樹木もある。

自動車の数も少ないため、子どもにとっては遊び場になり、お年寄りにとっては歩きやすい道だ。週末は各町会が中央区の許可をとって「子どもの遊び場」の立て看板を出して車の進入を制限し、本当の遊び場にしている。公園が少ない東京下町ならではの工夫だ。

③六間道路（図13）

六間道路の幅員は11メートル程度あるが、両側に歩道があり駐車帯も設けられているところがあるので、一方通行になっている場所が多い。それでも道幅が広いというわけではないので、自動車は減速して走る。やはり歩行者優先の優しく落ち着いた雰囲気がある。この通りに面する建物は比較的大きいが、それでも庭はないため、路地や三間道路と同じように歩道部分に植木鉢を並べている建物が多い。多くの人目に触れるためか、手入れが行き届いている植木が多い。

図12 三間道路の生活景

図13 六間道路の生活景

路地と長屋　近代化を支えた都市空間と生活文化

月島のまち並みの特徴は、路地と長屋である。さすがに昔ながらの長屋は少なくなったが、路地に入って注意して見ていくと、今でも昔ながらの長屋をいくつか見つけることができる。

月島では、大正初期に労働者用住宅を短期間に大量に供給する必要があったため、同じような配列と間取りの長屋が建設された。大体は二軒から四軒長屋で、二軒長屋が最も多い。その立面はシンメトリーで、それぞれの違いは、玄関まわりの意匠やベランダ・庇の付き方程度だ（図14）。

当時を知る大工の話によると、大工の下小屋（仕事小屋）には、同じ長さの材木がたくさん保管してあった。つまり材木は月島の長屋用に規格化されていて、効率的に建設されていった。各街区・丁目ごとに大工職人の親方がいて、大工仕事を仕切っていた。仕事が多かったので、普段は大工1人で仕事をしたが、建て方という柱や梁を立ち上げる時だけは、親方が仲間を呼んで数人で仕事をした。人口が急増していった月島では、建物も人口に比例して増え、大工は忙しく、大半は修理や増築だったようだが、3日しか休まなかった年もあったそうだ。

路地1本あたりに、24軒の長屋住宅が建つのが標準で、二軒長屋や四軒長屋が多い（図15）。間口は2間（3・6メートル）で、奥行きは3・5間（6・3メートル）のものが多い。

1軒の長屋の敷地面積は、10坪（33㎡）ほどで、1926年（昭和元年）に建設された典型的な2階建て長屋の平面図を見ると、その間取りは、1坪弱の玄関、2畳半の和室が玄関の脇にあり、4畳半の和室の居間、3畳の台所とトイレ、2階が9畳の和室となっている（図16）。

図14　月島の典型的な2軒長屋立面図
シンメトリー（左右対称）が基本である

これで延べ床面積は44㎡だ。基本的にはこの44㎡に1世帯が住むのだが、単身者が3世帯住むこともあった。1階の住人は玄関から入り、玄関脇2畳半の和室と4畳半の和室を使う。2階の住人は台所の掃き出し窓を裏口玄関にして、2階を4畳半ずつの2つの部屋にした。台所とトイレは3世帯が共同で使用するのだ。

月島の長屋は、一つの路地に沿って数軒まとまって建設された。資金がある人が東京都から土地を借りて建て、大家となって長屋を貸していた。戦後間もない頃まで不動産会社というものがほとんどなかったので、入居者の募集や家賃集金、長屋の管理は「差配(さはい)」というまちの世話役のような人が行っていた。

路地と長屋独特の生活文化をいくつか紹介したい。

①声かけ

近所の人が出かけるのを見ると「どちらへ」と声をかける。声をかけられると「ちょっとそこまで」などと応えるのが普通だった。路地に見慣れない人が入ってくると、「こんにちは」などと声をかけて様子を伺うこともよくあった。

②開けっ放し

路地のなかではどの家も玄関や窓は開け放しで、近所同士で何をしているのかすぐに分かってしまった。路地を歩く人の足音もよく聞こえて、足音の特徴で、誰が出かけて誰が帰って来たのか、

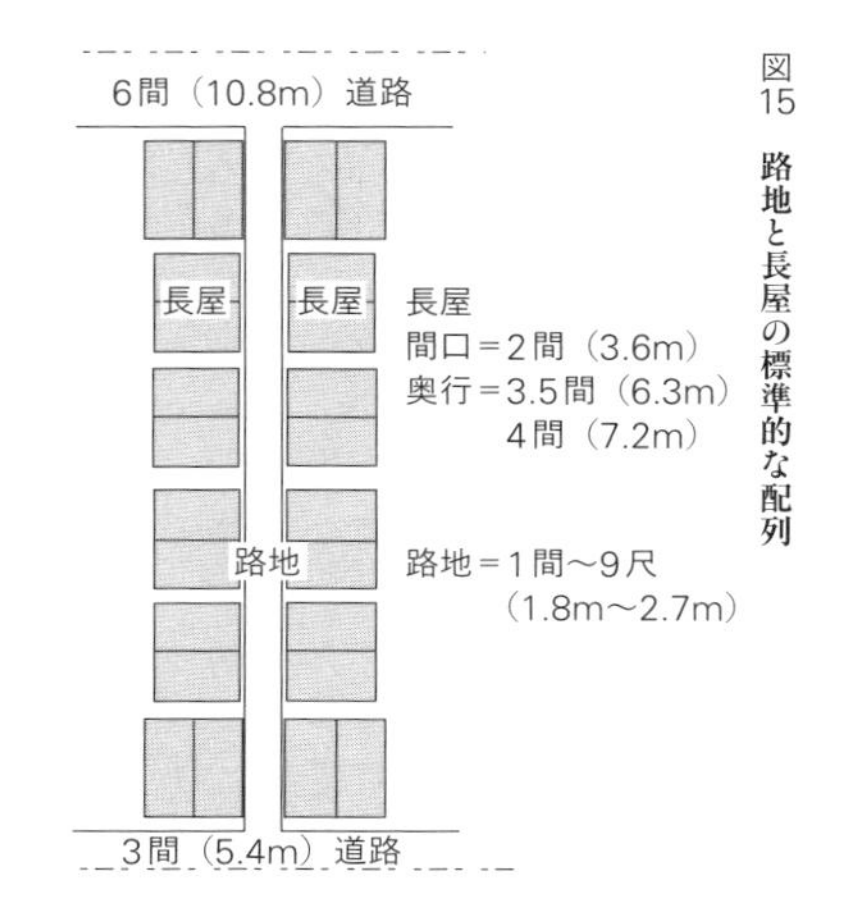

図15 路地と長屋の標準的な配列

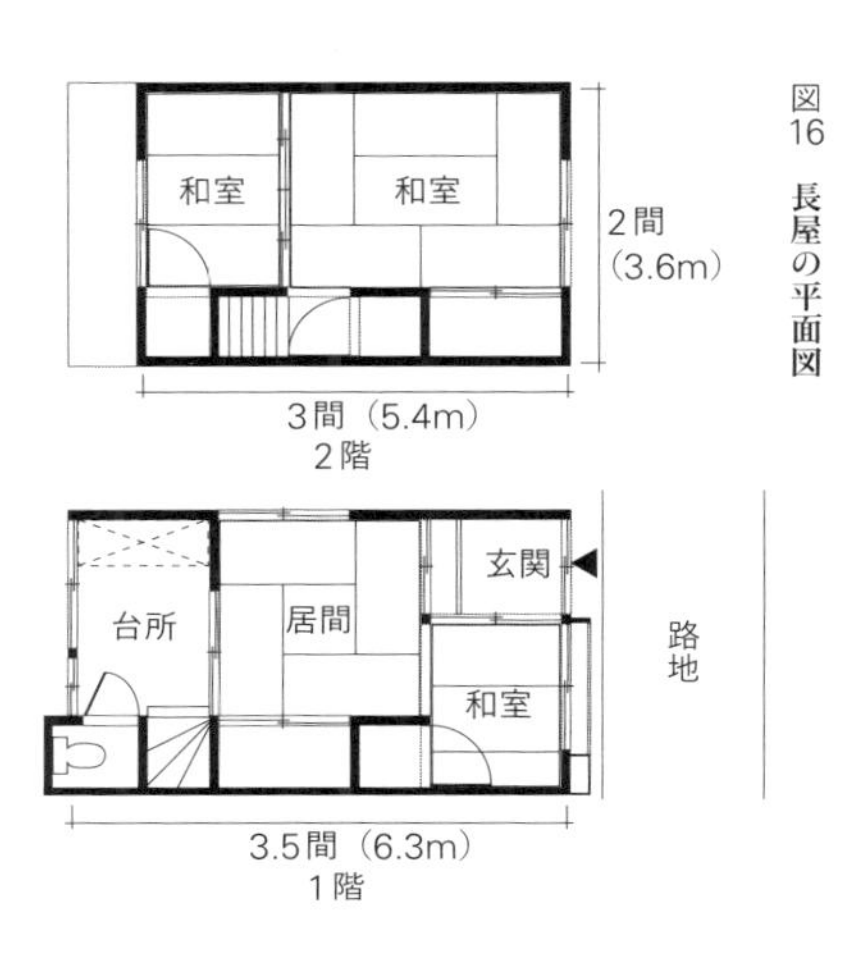

図16 長屋の平面図

家のなかにいても聞き分けられるほどであった。また夏になるとどの家も、風通しをよくするために、扉を外して葦簀をかけて生活していた。そうすると、真向かいの長屋だけでなくその一つ先の長屋、つまり隣の路地の長屋のなかまで見通すことができた。

銀座に行くぐらいであったら玄関の鍵は掛けなかったそうだ。そのくらい、怪しいことがあると近所の人にすぐに分かるという自己防犯の仕組みができていた。大工がどの長屋にも同じ鍵を取り付けていて、金物屋ではそのスペアキーを売っていたことも鍵を掛けなかった理由だった。

③うるさい大人

鬼ばばあ、クソじじいといわれる、何かと口うるさいおばさん、おじさんだらけだった。昔は、どこの家の子どもであろうと、悪さをしているとしかられた。今でも、ゴミ出しで分別を間違えると、ゴミ置き場からゴミが玄関先に戻される。路地のなかでは誰がどのようにゴミを出すか分かっているので、口うるさいおばさんが、間違ったゴミを出した家の前に戻すのだ。

④出前

商店街が近いので、たとえば魚屋が祝いの料理コースを一品ずつ持ってきてくれる。中華料理店も一品ずつ持ってきてくれる。コーヒー一杯でも持ってきてくれる喫茶店もあるそうだ。商店街と住宅の近さ、また商店主と住民が気心の知れた仲であること、長屋という狭小住宅なので、食卓に料理をたくさん並べることができないことから生まれた習慣だ。

⑤おすそ分け

何かもらいものがたくさんあると、隣近所に少し持っていく。今でも旅行などに出掛けると、土産を近所に届ける習慣が残っている。

⑥無尽

数人がグループとなり定期的に集金して積み立てを行い、集まったお金を順番に受け取ることができる仕組みで、今でも近所や町会仲間、サークル仲間とやっている人がある。無尽は担保がないので、信頼関係がないとできない。たとえば石川島造船所の人は同僚と、商店街では商店街の人たちと行っていた。担保のいらない無尽を何かと当てにしていた人が多かった。たとえば畳の張り替えでも無尽を使っていた人がいた。それでどうしてもお金が入り用な時には「入札」といってお金を多く出す人もいた。

無尽に似たものに「つなぎ」がある。ご祝儀や餞別として、路地単位で苦にならない金額、たとえば今なら500円ぐらいを集めて贈る。

⑦裏メニューと隠語

長く住んでいる人は、行きつけの喫茶店や居酒屋、レストランをもっている。このような常連客がいる店には裏メニューがあるものだ。常連客は通っているうちに店の主人と親しくなり、次第にわがままをいうようになり、裏メニューが生まれる。また常連客は隠語で注文することが多い。隠語をよく使う築地市場関係者は、月島に多く住んでいるが、彼らがそのまま月島でも隠語を使うので広まっていったのだろう。

このような路地と長屋の生活文化は、現在では珍しくなった。しかし形を変えて月島らしい生活文化が息づいている。新しく住みはじめた人でも、行きつけの店をもつと知り合いが急に増える。佃・月島には気さくな人が多いので、犬の散歩などから知り合いが増えていくこともよくある。遠い親戚よりも近くの他人という庶民的な都市生活者の文化が根づいている。

月島式住宅　リノベーション長屋・コンバージョン長屋

月島には今でも長屋を改修しながら、あるいは小さな敷地のままで建て替えて住んでいる人たちがたくさんいる。昔ながらの長屋は様々な問題があるので、暮らすなら長屋のままよりも、改修して、あるいは建て替えて、現代的な長屋にすることをお薦めする。実際に月島では、現代的な長屋に改修したものや建て替えたものを数多く見かける。注意深く見ると、様々な工夫や凝ったつくりをしているものが結構ある。それを私は月島式住宅と名付けているが、私自身も古い長屋を改修してリノベーション長屋の月島式住宅に住んでいる。ここでは、私自身が昔ながらの長屋を月島式住宅に改修した記録を紹介する。

図17の長屋は、１９２６（大正15）年に建てられた月島の典型的な二軒長屋で、１９９３（平成5）年二軒長屋の片方に筆者が住むことになった。まずは簡単な改修工事をして、小さな内風呂を付け、１階押し入れの半分を潰して、洗濯機を置くスペースをつくった。

２００１年からは、長屋のもう片方も自分の住戸として使うことになった。一つの住戸として使うのに、わざわざ外に出て隣に行くのは不便なので、１階の壁の一部を壊して通れるようにしたが、押し入れの中から隣に行くようなことになり忍者屋敷のようだった。面白い住戸ではあったが、片方の2階から隣の2階に行くのに一度1階に降りなければならないなど、やはり不便ではあった。そこで２００３年に大規模な改修工事をすることにした。

①解体作業

２階の押し入れの中に壊すのは惜しい部分があった。土壁が崩れてこない

図17　二軒長屋　１９２６年建築

ように新聞紙が貼られていたのだが、その新聞が終戦間もない頃のもので、「ノモンハンの捕虜はまだいる」「首相特使に白洲氏」「マッカーサー元帥の対日観」などの記事が載っていた（図18）。この長屋は空襲では燃えなかったが、かなり傷みがひどくなったため、応急処置として新聞が貼られたわけだが、それが50年以上もっていたのだ。

解体工事は、まず壁や天井を取り払うことから始まった。大工と希望する学生たちとで、ていねいに作業していった。土壁の解体作業は凄まじいもので、土埃が舞い上がり、体中真っ黒になった。

その後は柱や梁のクリーニングである（図19）。築約80年が経ち、火鉢の使用によるススがこびりつき、釘も多く残っており、学生たちに手伝ってもらいそれらを取り除いていった。この作業で分かったことだが、杉の柱はほとんど劣化しておらず、地中の水が上がってきたことによる腐食が床下の一部にあっただけだった。木材がダメになってしまった部分は、切断し接ぎ木して補修した。梁の松材も構造的に問題なかった。土台のクリ材は新しくすることにし、新たな間取りに合うように柱を移動する作業に入った。木造の利点は、自由に間取りを変更できることだ。柱を3尺移動するなどの大工作業は手品のようだ。梁をたたき上げ外した柱を移動させ、新たにつくったホゾに入れ、完了だ。

②再利用

長屋の雰囲気を残したい、またできるだけゴミは出したくないという理由

ノモンハンの捕虜はまだい
引揚者が語る数奇な運命
下山氏の死亡時間を測定
列車より遙か前

図18　押し入れの壁に貼られていた新聞紙

図19　柱・梁のクリーニング。釘を抜き、タワシで洗い、雑巾で拭いていった

から、外壁の下見板、天井の杉板、木製建具、さらにアルミサッシから便器、劣化していないトタンまで再利用した（図20）。これらもひととおりクリーニングが必要だったので、また学生たちに手伝ってもらった。再利用したものが多いと、改修が完成しても真新しくはならないのだが、愛着があることと、ずっと使われつづけてきた風合いが最初から出ているので、何年経っても古くならないように感じる。何年経っても改修工事直後の感じがして、新鮮な気持ちで暮らすことができる。

③仕上げ

柱梁が定まり、壁や床、天井をつくる作業に入った。古い柱・梁にやはり歪んでいる部分があり、歪みを調整しながらの仕事となるので、新築の大工仕事に比べると手間がかかる。

壁と天井は漆喰仕上げにした。一般的な下地材である石膏ボードの上に2ミリメートルぐらいの厚さでコテでプラスター漆喰を塗っていくことができる。職人さんに手本を見せてもらった後に、学生たちと作業した。当然、うまいへたがあるのだが、今でもこの壁は誰が塗ったと覚えており、この漆喰工事のことを楽しく思い出す。漆喰は、味のある仕上がりになるだけではなく、吸湿性があり、また接着剤を使わないのでシックハウスになる心配もない。

④平面計画

現代的な生活ができるようにするために、間取りを完全に変える必要があった。周りにマンションなど高い建物が建ちはじめていたので、少しでも日当たりがよい2階にリビングやダイニングをもっていき、代わりに1階には

図20　再利用された天井板（1階和室）

ガレージをつくることにした。このような設定で平面計画を練った。

一番難しかったのが、どうやって耐震性能を向上させるかだった。基礎が大谷石なので、土台をアンカーボルトで固定することはできない。基礎をつくり直すことは不可能だったので、モルタルコンクリートで押さえる程度に土台を大谷石の基礎に固定することにした。固定といっても土台は大谷石に載っているだけなので、大地震時には、建物は基礎の上をずれることになるが、それで地震動の力を吸収してしまおうという算段だ。次のポイントが2階のベランダの位置だった（図21）。日当りを考えると、建物の南の角の部分がベランダに最適なのだが、建物全体の構造バランスが悪くなる。耐震性能を少しでも向上させるためにはシンメトリーな平面を維持した方がよいため、表通りに面した中央にベランダをもっていくことにした。

ベランダをつくると2階の床面積が減ってしまうが、太陽光をリビングと寝室に多くとり入れられる。床面積を確保することは重要だが、快適に暮らすためには採光や通風のことも重視しなければならない。量よりも質という考え方が重要だ。

2階の床面積が減った分をどこかで補いたいと考え、屋根裏部屋を設けることにした。しかし日本の伝統的な和小屋の屋根組では母屋などの部材が邪魔で、部屋として使うことができない。そこで屋根だけはツーバイフォーという壁構造にして、大きな三角柱を横に寝かしたような構造体で屋根を架けることにした。これであれば、屋根架構が外壁を外側に広げようとする力を

図21 ベランダ。表通り側中央にある

図22 屋根裏に登る階段周りの吹き抜け

働かせることもなく、構造的により安定する。そして屋根裏に上る階段まわりは吹き抜けにした（図22）。床面積が減ってしまうが、ここからもリビングに光が多く差し込んでくる。

基礎工事がないので、約3カ月で工事は完了し、コストを下げることもできた。改修工事の利点はたくさんある。

改修工事を終えた月島式住宅は、外観は新しくなったが、何となく長屋の面影が残っている。完成から15年ぐらい経った今でも、時々「この家面白いね、いいね」といって通り過ぎる人たちがいる。なかには10分間ぐらいじっくりと眺めていく人もいる。

月島には、様々な工夫をした月島式住宅がいくつもある。たとえば、植栽帯をきれいに備えたもの、玄関先にも遊び心が感じられるもの、鉄筋コンクリート造でも木製格子や植栽で長屋と調和させたものなど様々だ。

またコンバージョン長屋と呼んでいる住宅からほかの用途へ転換するものも増えている。たとえば、店舗（レストランやカフェ）に改修したもの（図23）や、Air B&B（図24）にしたおしゃれなものなどが増えている。このAirB&Bの経営者は、月島長屋学校のメンバーであり、また地元町会の役員とも懇意で、そこでB&Bとしている長屋の2階で「長屋寄席」というコミュニティ・イベントを毎月開催して、まちづくりに貢献している。

図23 コンバージョン長屋（カフェ）

図24 コンバージョン長屋（Air B&B）

もんじゃストリート　渡船と工場が生んだ商店街

月島の中心といえば、やはり「西仲通り商店街」だ（図25、26）。現在の西仲通りのまち並みは、関東大震災後と戦後にかたちづくられた。地下鉄の開通で銀座や有楽町が身近になったこともあり、現在の商店街は物販店がほとんどなくなり、代わりにもんじゃ店が増え、もんじゃ通りと化してはいる。しかし西仲通り商店街は月島の中心でありつづけている。

現在日本各地にある商店街には、歴史的な「城下町・町人地継承型」「神社仏閣・門前町型」「港町・地域産業型」などと、近代以降の「駅前拠点型」「企業城下町型」などがある。西仲通り商店街の場合は、企業城下町型と駅前拠点型を合わせたようなものだ。石川島造船所や石井鉄工所、月島機械で働く労働者が急増し、また現在の西仲通り商店街・四番街の終わりのところから隅田川に出たところに「月島の渡し」が通うようになり、西仲通りは多くの人々が行き交うようになっていった。佃の渡しからも比較的近いことも、西仲通りに人が集まる理由の一つだった[11]。１９０３（明治36）年に相生橋が架橋されたが、人々が月島にやってくるのは東京の中心方向からであり、月島の渡しや佃の渡しの利用者が多かった。

西仲通りの6間という道幅は人々が集まる空間としてちょうど

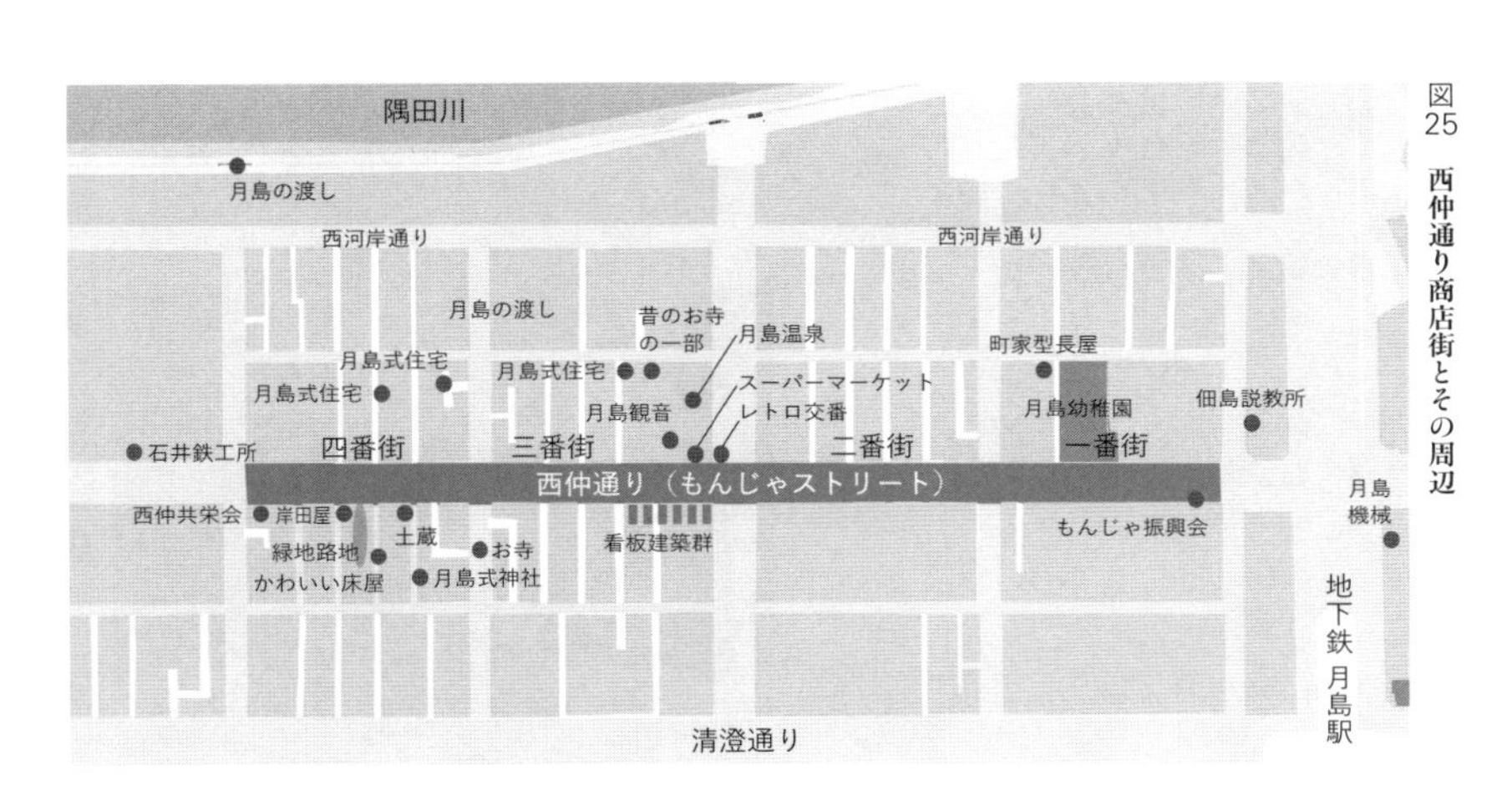

図25　西仲通り商店街とその周辺

よかった。幅20間（36メートル）の清澄通りは、商店街を形成するには広すぎた。西河岸通りも幅6間であるが、こちらは隅田川に沿って工場や倉庫が建ち並んでいたために、商店街の形成には適さなかった。

多くの人が行き交う地の利があったことで、建物が建ちはじめた明治30年代から、商店がポツポツとできはじめた。同じ頃から並ぶようになったのが露店だった。最初はよくある露店のように道の両側に出ていたが、商店の邪魔になるため、道路の真ん中に出すようになったという。急速に商店や露店が増えていった理由は、「月島は新しい土地で、工場や人口が急増している。月島で開店すれば必ず成功する」という評判が東京の商業者に広まり、先を争うように多くの商業者が移転やのれん分けで月島に乗り込んできたからだそうだ。露店は夜になると営業を始めたので「夜店通り」と呼ばれたという。このような夜店通りは東京の下町には多くあったが、大体は近隣の人々が客であった。月島には、川を越えて明石町や築地、深川といった離れたところからも多くの客が来た。労働者のまちであるため、あらゆる商品の値段が安かったこと、また二番街と三番街の間を入ったところに映画館が2軒と寄席が1軒あったことなどによる。このような月島以外からの客は、夜店での買い物や映画などを楽しんだ後、最終の渡し船までには明石町や築地へと帰っていった。

このように大変な賑わいを見せていたが、終戦後、ヤミ市の横行で露店の取り締まりが厳しくなり、また工場には戦前の「軍需景気」ほどの活気が戻らず、露店は姿を消していった。露店のいくつかは月島や勝どきの内店になった。これは東京都の幹旋によるものだった。有名な

図26　西仲通り商店街

月島名物レバーフライは、元々露店だったものが内店となった。現在の西仲通りのまち並みは、関東大震災後と戦後に形づくられた。

西仲通り商店街の歴史を見てとれるのが、「看板建築」だ。昭和の前期から中期に多く建てられた。西仲通り商店街ではアーケードの上に看板部分が並んでいる。しかし看板建築にある屋号（店名）と現在の店舗が異なるものが多い。かつてのおもちゃ屋は現在は「もんじゃ風月」、池本酒店は「もんじゃえびす」といった感じで、商売替えの歴史ともんじゃ店の隆盛が見てとれる。

ほかにも、一番街入り口近くには築地本願寺佃島説教所といった歴史的建築物がある。佃島に移住した人々は、本願寺門徒だったので、佃島と築地本願寺との縁は深い。

西仲通り商店街は、一番街から四番街と、長さ約120メートルの4つの街区に分かれている。その特徴について中心部分から順番に見ていこう。

①三番街

三番街は西仲通り商店街のなかで最も賑やかで、節分の豆まきが催されるなど、商店街の中心的な部分だ。今日でも三番街には様々な施設がある。月島温泉は、今は鉄筋コンクリートビルのなかに入っているが、かつては木造の立派な銭湯で、『東京銭湯マップ』[12]の中扉を飾るほどだった（図27）。またこの一角には月島観音があって、その参道が横丁になっていた。

三番街と二番街の間の道を隅田川の方へ行くと映画館が2軒と寄席があり、映画館の一つでは芝居もやっていた。芝居興行がある時には、建物の前に「〇〇一座」といった幟が立った。芝居は大衆受けするチャンバラものが多かったようだ。役者は芝居が終わると、月島温泉に入って化粧を落としたそうで、その時間になると銭湯のなかは白粉のにおいが充満していたという。

このように三番街は、商店街の中央に位置し、西仲通り商店街のなかで最も人が集まる場所でありつづけている。そこで関東大震災の前に木造の交番が建てられ、震災後に現在の鉄筋コンクリート造に建て替わった。かつてこの鉄筋コンクリート造の交番と同型のものが東京中に建てられ、銀座4丁目の角にもあったが、現在ではここだけになってしまった。この交番も歩道上にあっては歩行者の邪魔だということで、取り壊しの危機にあったことがある。2008年4月からは、交番ではなく「西仲通地域安全センター」となっている。

②一番街

一番街は月島駅に最も近く、タワーマンションが建っているところだ。1979（昭和54）年、ここで大きな火事があった。この火事で受けた住民の衝撃は大きく、一番街を含む月島一之部町会は、毎年この大火の日に力を入れて火の用心の町内巡回を行っている。大火の後は大きな駐車場になったが、バブル景気時の地上げにより、多くの地主が土地を手放した。その結果がタワーマンションであり、商店街のまち並みが大きく変わった。

③二番街

間口2間の月島らしい商店が並び、昔ながらの看板建築が多く残っていたが、現在再開発が進みタワーマンションが建設中だ。商店街のまち並みが大きく変わってしまうことを心配している。

④四番街

商店街の形成が最も遅く、物販店の力も弱かった。そのためもんじゃ焼き店が最初にまとま

図27　建て替え前の月島温泉

って出現しはじめた。ここには有名な居酒屋「岸田屋」がある。漫画『美味しんぼ』[13]第1巻・第5話「料理人のプライド」では、主人公・山岡士郎が、日本の内臓料理として、岸田屋のモツの煮込みをフランス人のシェフに食べさせる。このシェフは、それまで日本の肉料理を馬鹿にしていたが、そのおいしさに愕然とする。このシェフは、日本に滞在している間、毎日、岸田屋に通ってモツの煮込みを食べた。ちなみに、主人公・山岡士郎は同じ新聞社の社員・栗田ゆう子と第47巻で結婚して、中央区に新居を構える。

2008年に放送されたNHK連続テレビ小説「瞳」[14]では、月島が舞台となった。主人公の一本木瞳とその家族が住んでいるのが四番街の一つ目の路地を入ったところという設定だった。ちなみに一本木家が月島に住みはじめた理由は、瞳の祖父が福島県から上京して小さな鉄工所を営んだためだった。実際に月島は日本各地、特に東北や北陸からの上京者が多く、「○○県人会」が月島にも多くあったそうだ。

西仲通り商店街を取り仕切るのが、「月島西仲共栄会商店街振興組合」だ。かつては、町会が「一之部」「二之部」「三之部」「四之部」と分かれているので、かつてはそれに合わせて商店街組合があった。1946（昭和21）年、西仲通りという一本の通りで商店街組合が分かれていては勝手が悪いということで、一つの商店街組合になった。

物販店が少なくなっても、様々なイベントが行われている。商店街独自のイベントはさすがに少なくなっているが、月島を挙げての催事では必ず西仲通りが中心的な場所になる。住吉神社例大祭八角神輿宮出しのクライマックスは西仲通りで、月島観音の豆まきは当然三番街の月島観音前で行われる。商店街が中心となるイベントで最も賑わうのが、毎年7月のお盆に行われる「月島草市」だ。元々は三番街と四番街の間にある本芳寺を中心に行われていたが、数年前から西仲通り商店街が会場になっている。

月島の住人の多くは工場での労働者で、収入は少なかった。そのため西仲通り商店街では何もかもが安かった。子どものおやつも安いものしかなく、その代表がもんじゃ焼きだった。それが現在の「もんじゃ焼きのまち・月島」の原点である。もんじゃ焼きにも月島の歴史が凝縮されており、もんじゃ焼きと一緒に月島の歴史や生活文化に触れる機会がつくれるとよいと考えている。

勝どき・豊海町　日本・東京の近代化の象徴

「勝どき」の地名　勇ましい地名の由来

中央区勝どきは、タワーマンションが林立する近代的なまちになろうとしている。勝どきは、月島完成の2年後の1894（明治27）年に埋め立てが完成した。当初は、月島西河岸通り○丁目、月島西仲通り○丁目と呼ばれており、月島の一部になっていた。月島と同様に工場や倉庫が建ち並んでいたが、佃島には「佃の渡し」、月島には「月島の渡し」という隅田川を渡る公共交通があったものの、現在の勝どき地区には渡し船はなかった。

1905（明治38）年に、日露戦争の激戦の末に旅順（現在の中国遼寧省大連市の一部）が陥落した。それを祝して、現在の築地（海幸橋のたもと）から勝どき（1・3丁目の境あたり）間の隅田川を往来する渡し船「勝どきの渡し」が、京橋を中心とする市民の寄付で創設された。

現在、築地市場となっている場所は、海軍の学校があった。隅田川を挟んだ対岸の勝どき・月島には、近代化を支え、また日露戦争の遂行のための軍需工場や倉庫が建ち並んでいた。「勝どき」は、「勝ち鬨を上げる＝戦いに勝った時に、喜びの声をあげること」の意味に由来し、これら2つの地区を結ぶ渡しは、「勝どき」と命名されるのに真にふさわしい場所だった。

近代化を支えた工場は、現在ではほとんど姿を消してしまった。わずかに残っている工場といえば、須田製作所（勝どき2丁目）がある。1931（昭和6）年設立で、電気配線関係、建築金物、通信用機器を製造している。

勝どきの渡しは、1940（昭和15）年に完成した「かちどき橋」に取って代わられた。そして1965（昭和40）年に、中央区の住居表示が変更になり、それまで月島の地名が使われてきたこの地区に、「勝どき」の地名が付けられた。かちどき橋に由来するが、元をたどると勝どきの渡しがこの地名のルーツである。このように「渡し」の名前が、地名になるのは珍しい。

勝どきの渡しの碑や、海軍兵学寮の碑が築地側のかちどき橋のたもとに建立されているので、それらの碑を見てまわり、勝どきの由来に思いを巡らすこともできる（図28）。

神社と寺院　埋立地の産土神

住吉神社の御旅所が、勝どきに建てられたのは1901（明治34）年であった。氏子からの奉納金で土地を取得・建設された。その後1987（昭和62）年に、新月島川に隣接した現在の地に移設された（図29）。元の御旅所

図28 勝どきの渡しの碑

の場所は、現在、月島地区の神輿庫になっている。3年に一度の大祭の時には、住吉神社をでた宮神輿（八角御輿）は月島を巡行して、この御旅所に1泊するのが慣わしとなっている。

もう一つ、晴海にも住吉神社の分社（図30）がある。1971（昭和46）年に建立されたもので東京鰹節類卸商業協同組合の敷地内にある。

このように埋立地では、もともと陸地だったところに建立された歴史ある神社を産土神として信仰していることが多い。神社の周辺で埋め立てられた土地が広ければ広いほど、その神社の御旅所や分社が次々と建立されることになり、氏子がいる範囲も広くなっていく。

たとえば、墨田区の牛嶋神社を産土神とする範囲は広く、摂社や末社が多く興味深い[15]。本社・牛嶋神社は、860年に創建されたと伝えられている。隅田川の東岸は、当時そのあたりまでが陸地だったと推測されている。牛嶋神社は南側の海に面し、参道は南側から真っ直ぐ延びていた。現在の牛嶋神社は、関東大震災後の1932（昭和7）年に遷座したものである。隅田川東岸の江東の土地は、中世から近世にかけて土砂が堆積して陸地化していった。江戸時代の1696年に徳川家光により旅所として神領の寄進があり摂社をもつようになった。それが本所にある若宮牛嶋神社であり、押上天祖神社（業平）、榛稲荷神社（両国）、船江神社（東駒形）、徳之山稲荷神社（石原）、津軽稲荷神社（錦糸）、永倉稲荷神社（江東区緑）と合計で7つの摂末社をもっている。江戸時代には、江戸の市街地が拡大して本所や両国は

図29 住吉神社御旅所（勝どき）

図30 住吉神社分社（晴海）

たいへん栄えた。それも摂末社が多くなった理由である。5年に一度の大祭では、神牛が引く鳳輦（ほうれん）神輿が摂末社と氏子範囲をくまなく渡御し、その様子は壮観である。

江東区深川の富岡八幡宮も、産土神とされる範囲が広いことが知られている。江東区の近代以降の埋立地の住民も産土神として信仰しており、筆者が教鞭を執る芝浦工業大学がある豊洲も、富岡八幡宮を産土神としている。

勝どき4丁目には、「東海道中膝栗毛」の作者として有名な、十返舎一九の墓がある寺院・東陽院もある。東陽院はもともと台東区浅草にあったが、関東大震災後に勝どきに移転したので十返舎一九の墓も一緒に移った。埋立地の神社仏閣のいわれを知ることは、埋立地の変遷をたどることにもなる。

豊海町　冷蔵庫と冷凍庫が立ち並ぶまち

勝どきを南に進んでいくと、窓のない大きな建物が並んで建っているのを目にする（図31）。そこが豊海町である。1962（昭和37）年に完成した埋立地であり、かつては豊海埠頭と呼ばれていた。埋め立てたのは、東京都ではなく（財）東京水産振興会というのが珍しい。当初、大手水産会社らが埋め立てを計画したが、民間企業では東京都から埋め立ての許可が下りなかった。そこで大手水産会社らは、公共性をもたせるために（財）東京水産振興会を設立し、その財団法人が主体となることで埋め立ての許可を得ることができた。

窓のない大きな建物は、魚を保存するための冷蔵庫と冷凍庫である。これ

図31　豊海町

ら冷蔵庫・冷凍庫が立ち並んでいることが、豊海町が誕生した理由を知る糸口である。戦後の復興と高度経済成長によって、築地市場の水産物の流通量が増大していったが、築地市場には魚を保存する冷蔵庫と冷凍庫を新たに建設する土地がなかった。そこで、築地の隅田川を挟んだ対岸にある勝どきの南を埋め立てて、冷蔵庫と冷凍庫を建設することになったのだ。

かつては遠洋漁業船が豊海埠頭に接岸し、魚を下ろして冷蔵庫と冷凍庫に保管した。1964（昭和39）年頃から大手水産会社12社の魚類冷蔵庫と冷凍庫が立ち並ぶようになり、遠洋漁業のマグロ、カツオなどが保存されるようになった。またここには、水揚げをすませた遠洋漁業船のため、船の係留、仕込み施設、船員及び家族の厚生施設、漁船の修理工場などが計画され、いくつかが建設され、そこで「月島漁業基地」とも呼ばれている。しかし魚の輸送はトラックによる陸送にとって代わられ、また1980年代半ばには200海里経済水域が定着したことで、豊海埠頭での遠洋漁船からの水揚げはなくなった。

豊海町に隣接した勝どき5丁目には、水産資源の維持や有効活用を図る中央水産研究所[16]が1993（平成5）年まであり、江東区越中島から1932（昭和7）年に移転してきたのだが、移転時に建てられた古めかしい鉄筋コンクリートの建物があった。豊海町は、海に囲まれた日本ならではの水産資源のための、また高度経済成長が生んだ埋立地といえる。

月島川と新月島川　水上の物語

月島地区は、河川と運河に囲まれている（図32）。そのなかで月島川と新月島川は、ともに隅田川と朝潮運河をつなぐものだが、月島川は河川で東京都建設局が、新月島川は運河で東京都港湾局が管理している。昔ながらの様子が残っているのは新月島川の方だ。石積みの護岸と、運河に面して昔からの家屋がいくつか残っている。清澄通りに架かる新島橋のたもと勝どき4丁目にあるのが、「みはらし」というかつての船宿だ。日本橋や柳橋の料亭と契約し、浴衣姿のお客や芸者を乗せてお台場周辺まで船遊山に興じる船を提供していたそうだ。[17]

また「勝どきマリーナ」には様々なプレジャーボートがあり、その脇の本橋発動機は、1927（昭和2）年創業で、最初は小型船に搭載する「焼玉エンジン」[18]を製造していた（図33）。河川と運河に囲まれた場所ということで、ここに工場を構えることになった。現在は船のエンジンの修理やメインテナンスを行っている。日本の近代化を支えた工場の一つであり、まちの生きた歴史を伝えている。

一方の月島川の特徴は、多くの船が係留されていることだ。中川船舶や屋形船金子、佃折本などの船が係留されている。屋形船金子と佃折本は、佃島の漁業者で、佃島の周りが埋め立てられたために、ここに船を係留することになった。

清澄通りに架かる月島橋のたもとには、関東大震災で流れ着いた死者を慰霊する「大震火災横死追悼之塔」（図34）が建っている。お盆の時には四之部東町会が花をたむけお経をあげて霊を弔っている。大震災の記憶を留める貴重なものである。

勝どきは、漁船、渡船、そして沖合に停泊する本船から河川を利用して荷揚げ地まで荷物を運ぶ「はしけ」（水路や港湾内で荷物を積んで航行するた

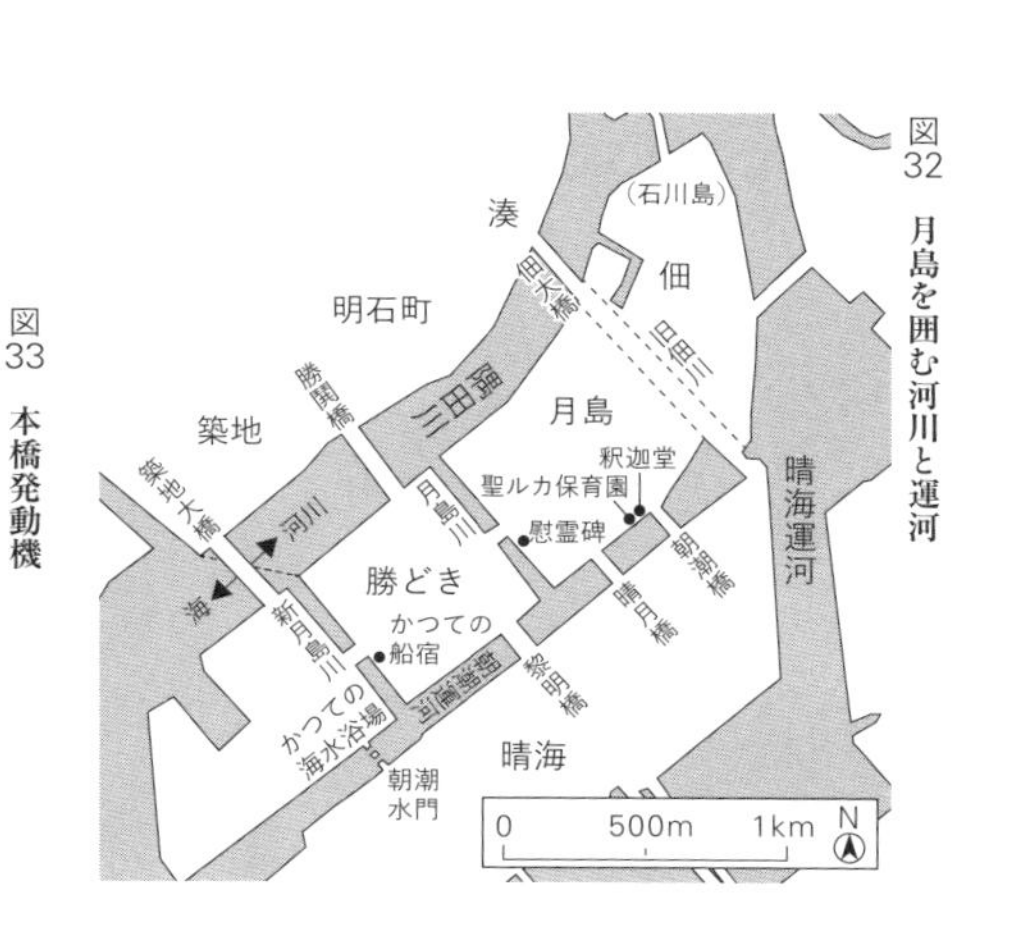

図32 月島を囲む河川と運河

図33 本橋発動機

めの平底船）、浚渫土運搬船、塵芥船などと船が多く、船上で暮らす水上生活者（図35）も多かった。水上生活者のほとんどは、はしけで荷物を運ぶ回漕業に従事する人々で、ほかにも塵芥や、浚渫土の運搬などに従事していた。1955（昭和30）年の国勢調査では、中央区内の水上生活者は275世帯1710名を数えた。水上小学校（開校当時は水上尋常小学校）が1930（昭和5）年に月島川沿いの現勝どき1丁目に開校し、戦後に都立水上小学校になり、1966年に廃校となった。ここには現在、勝どき区民館などがある。河川の埋め立てによって、はしけの姿は消えていった。さらに、港湾施設の整備によって荷役作業がはしけから接岸作業に移行したことから水上生活者の数は減少し、1965（昭和40）年に港湾労働法が制定されてはしけでの水上生活は禁止された。

晴海　戦後の復興と経済成長の象徴

原っぱから最先端のまちへ

月島、新佃島、勝どきの後に埋め立てられたのが、4号地・晴海だ。1931（昭和6）年に埋め立ての完了した晴海は、しばらくは建物がほとんどなく、一面の野原のままであった。

図34　大震火災横死追悼之塔

図35　水上生活者（『水上生活館写真集』中央区立郷土天文館蔵）19

戦前、筆者の祖母が身ごもった時、祖父が長屋でネズミを捕まえたが、余計な殺生は験が悪いということで晴海の原っぱまで逃がしにいったという話を聞いた。長い間原っぱのままに放置された理由は、この地への東京市庁舎の移転計画や万国博覧会の会場計画が戦前にあったものの、市民の反対や戦争により頓挫したためで、土地利用がなかなか決まらなかったからだ。戦時中は輸送施設が建てられ、終戦後、1953（昭和28）年までは、GHQに接収されていた。晴海埠頭は、1955（昭和30）年に戦後初の海外貿易埠頭として開業した。

市街化は、月島地区と関連して進んだ[20]。月島の市街化が過度に進んで密集化したために、公共施設などを晴海に整備することになった。晴海中学校、月島第3小学校、マイホーム晴海などの公共施設群がある一角は、戦前に東京市庁舎の移転先と計画されていたところだ。1933（昭和8）年に東京市会は、晴海に市庁舎を移転することを決議した。建築設計競技も行われたが、不便だといった反対意見が強く、市長の退任とともに移転案は消えた。

野原だった頃の様子は詩人や小説家によって書かれており、吉本隆明は自伝的エッセイ『背景の記憶』[21]のなかで、子どもの頃に晴海の原っぱでよく遊んだと述べている。また三島由紀夫の『鏡子の家』[22]のなかでも、冒頭のシーンで晴海が登場し、見渡す限り平坦な荒野と広い碁盤目状の舗装道路が描写されている。終戦直後の話なので、米軍宿舎のかたわらに数本のポプラの木があったと書いている。

このような何もない一面の野原に、戦後いくつかの建物が建てられた。晴海国際見本市会場は1956（昭和31）年に完成した。ここでは東京モーターショーなどが開催され、なにかと話題になった。この展示施設の東館は銀色の屋根をもつドーム建築で、著名な構造家の坪井善勝の設計によるものだった。坪井善勝は丹下健三と組んだ代々木国立屋内総合競技場、東京カテドラル聖マリア大聖堂の構造設計者として有名だ。

晴海団地は1957（昭和32）年から各棟が竣工しはじめ、1958（昭和33）年に前川國男設計による15号館「晴海高層アパート」（図36）が竣工した。住宅公団が初めて企画した10階建ての高層住宅で、スケールの大きな柱梁構造によって3層6住戸を一つのブロックとする方式が採用された。エレベーターは3層の真ん中の階にしか停まらず、その上下の階には階段で移動するものだった。前川國男が師事したル・コルビュジエのユニテ・ダビタシオン[23]の影響を受けた建物で、当時の最先端の建築デザインだった。老朽化のため1997年に取り壊されたが、一部住戸が八王子市にあるUR都市再生機構（旧住宅・都市整備公団）の都市住宅技術研究所に移築・再現されている。

現在、晴海団地があったところには、晴海アイランド・トリトンスクエアができており、そのなかで一番高層なのが住宅・都市整備公団の企画による50階建ての晴海ビュータワーで、竣工した1998年当時では、その高さなどで最先端のタワーマンションの一つといわれていた。

晴海は、東京2020オリンピック・パラリンピック競技大会の選手村になる。選手村は大会後、巨大な集合住宅団地となり、二酸化炭素を排出しない水素エネルギーを用いるエコタウンになる予定だ。埋立地誕生以来、常に時代の最先端を行く話題性のある計画・建物が実現される運命的な場所なのだ。

図36　晴海高層アパート
写真提供：独立行政法人都市再生機構

図37　朝潮運河の石積み護岸

朝潮運河

月島と勝どきが、近代の歴史的埋立地であることが見て分かるのが、晴海と月島との間にある朝潮運河の石積み護岸（図37）だ。新しい埋立地はほとんどがコンクリート護岸で、月島でも隅田川側では堤防や耐震護岸の整備で石積みだった部分がコンクリートになってしまっている。朝潮運河は水門に囲まれており、高潮の心配が少ないので石積み護岸の上に新たな堤防が1メートルぐらいつくられただけで、昔ながらの石積みが残った。朝潮大橋から月島川、そして2号地（勝どき）の新月島川まで、ほぼずっと残っている。陸と水上との距離が近く、河川や運河が人々の生活空間の一部であったことがうかがわれる。

朝潮運河をたどっていくと、朝潮橋のたもとに古いお堂（図38）がある。釈迦堂と呼ばれており、東京大空襲での死者が朝潮運河にも多く流れ着いたので、その慰霊として戦後間もない頃に建立された。この釈迦堂は思いの外広く、地下室と中2階があり、お堂を管理していた人がそこで子どもたちに勉強を教えていたそうだ。また4月8日の灌仏会の日には、竹筒で甘茶が配られていたという。

この朝潮橋と晴月橋のたもとには、2010年頃まで筏と水上家屋（図39）があった。晴海建設と東京木材運輸のもので、これらはかつて朝潮運河にたくさんの筏が浮かべられていた頃の名残だった。

このような水上貯木場は、月島と江東区には数多くあった。江戸時代から

図38　古いお堂（釈迦堂、月島4丁目）

図39　朝潮運河にあった筏と水上家屋（月島4丁目）

続く木場の名残だ。現在、夢の島マリーナや東京港マリーナになっているところもかつての貯木場であり、貯木場として使われなくなった後にマリーナとなった。

朝潮橋と晴月橋の間には、石積み護岸の上まで柵が突き出しているのでちょっと目立つ「月島聖ルカ保育園」（図40）がある。ここは明治時代に来日したイギリス人宣教師ミス・ヘンテ女史により1927（昭和2）年に開かれた由緒ある保育園だ。[24] 佃3丁目には海水館があり海沿いは保養別荘地だったことが知られているが、昭和初期まではこの月島4丁目あたりにも海風を求めた別荘がいくつかあり、聖ルカ保育園はその名残だ。

朝潮水門があるあたりには、かつて海水浴場があった（図41）。夏の間は葦簀張りのテントが建ち並んで、主に東京の下町の人々が会社や家族ぐるみで来ていたそうだ。[25] ここも石積み護岸だったので、階段で浜に下りた。砂浜は狭かったが、引き潮の時には浜が広くなり潮干狩りができた。魚もよく採れてアミの大群が来たこともあったそうだ。沖の方は大きな船が通るために浚渫されていて、急に深くなっていた。昭和初期の頃までは水がきれいで、水泳学校が開かれていた。港区の第3台場まで遠泳する人や台東区浅草の吾妻橋から遠泳でこの海水浴場まで泳ぐ人もいたという。

図40　月島聖ルカ保育園（月島4丁目）

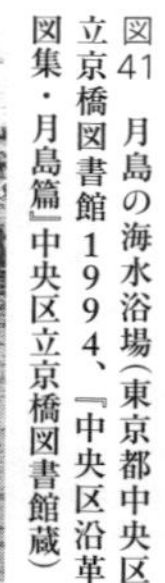

図41　月島の海水浴場（東京都中央区立京橋図書館1994、『中央区沿革図集・月島篇』中央区立京橋図書館蔵）

CHAPTER

5

まちづくり拠点の運営

まちづくりは、活動拠点を設置することで、地域とのつながりがより強固になり多くの人々を巻き込めることができ、さらに成果を挙げられる。

空店舗と空き家活用による拠点づくり

まちづくり活動において、空いている施設を活用して活動拠点を開設し、充実した息の長い活動をしようとする取り組みは多い。特に空洞化が進んでいる地方都市中心市街地の再生を目指して、空店舗を活用したまちづくり拠点の開設は各地で試みられている。

たとえば福島県二本松市の中心市街地・竹田根崎地区では、空店舗を活用したまちづくり拠点「寄って店」（図1）が、1999年から2013年まで、地元のまちづくり協議会である「竹田根崎まちづくり振興会議」によって開設・運営されていた。[1] まちづくり拠点というように、ここで一連のまちづくりワークショップが開催され、ワークショップの成果も継続的に展示され、誰でもまちづくり活動と成果を理解できるようになっていた。この地区でのまちづくりは、地区の中央を通る県道の拡幅整備を契機として、商店街の空洞化、人口減少、

図1　まちづくり拠点「寄って店」

少子高齢化といった問題を解決しようとするものである。そのために、まち並みづくり、歴史的資源の活用が図られ、2001年12月には県道沿道の地権者により景観協定が締結されて、魅力的な景観が生み出された。「寄って店」では、この景観協定にもとづくデザイン協議が100回以上も開催された。2013年度までに県道の整備と景観づくりはひと通り完成し、2015年には都市計画学会計画設計賞と都市景観大賞・都市空間部門優秀賞を受賞した[2]（図2）。

このような成果を挙げる活動が出てきたことで、空店舗を活用するまちづくり拠点の開設・運営は有効な方法として認識されるようになった。

一方、空き家を活用する試みは、空店舗活用に比べるとまだ実績は少ないものの、空き家は今後急増すると予想されており、その活用も急速に進むといってよいだろう[3]。先進的な事例としては、市民参加のまちづくりが活発な世田谷区内での取り組みがある。空き家ではないが、林泰義らは1991年に「NPO法人玉川まちづくりハウス」を設立した[4]。ここでは、まちづくりに関するレクチャーや勉強会などを行っており、また区内の様々な組織と連携して活動している。また世田谷区では、「財団法人世田谷トラストまちづくり」が「地域共生のいえづくり支援制度」を設けている[5]。「地域共生のいえ」とは、家屋の一部や全部をまちづくりの場として活用する取り組みで、2015年には19家屋にまで拡大し、一人暮らしの高齢者の居場所、子育て支援の場、イベント開催の場、地域のギャラリーなどとして活用されている。

図2 整備された県道と景観づくり

墨田区曳舟には、「NPO法人燃えない壊れないまち・すみだ支援隊」が運営する「ふじのきさん家」がある。[6] 空き家を防火・耐震化のモデルルームとして改修して、2013年に開設され、2015年からはカフェがオープンして、地域の寄り合い処にもなっている。

ほかにも、シェアハウスやゲストハウスとしての活用など、空き家活用は市民レベルの多様な発意で始まっていることが特徴で、全国各地でわき上がるように広がっている。

以上のように、空き家を活用する取り組みは、地域住民やNPO法人などが中心となって進められるので、自ずと地域の特性に合った活動になっていく。今後空き家が急増していくという状況を考えると、地域の特性に合わせた様々な空き家活用の取り組みが、草の根的に各地で広がっていくだろう。

東京湾岸地域は、埋め立てでできた新しい土地であり、住宅は比較的新しいものが多く、住民も比較的若い世代が多い。また一戸建て住宅よりも大型マンションといった集合住宅タイプが多い。空き家の活用はすぐには広がらないかもしれないが、歴史的な長屋が建ち並んでいる中央区月島では、長屋の一部をまちづくりの場として活用する「月島長屋学校」が2013年10月に開設され、芝浦工業大学建築学科地域デザイン研究室と地域住民によって運営されている（図3）。

図3　月島長屋学校

月島長屋学校

概要

月島長屋学校は、芝浦工業大学が文部科学省の「地（知）の拠点整備事業」（COC事業）に採択されたことが契機となって、大学キャンパス外のまちづくり研究拠点として開設された。[7] それ以前から、同研究室は、2003年から月島で研究や設計演習、ゼミナールを行っていた。学生のまちづくり学習や研究は、まちづくりの現場で進めることで、体験的な学習による確実な理解、また地域の深い把握、住民・市民組織・自治体との協働によって、有益な研究成果を挙げるだけでなく、実際のまちづくりも成果を挙げていくことになる。山口大学の宇部まちなか研究室や福井大学の「たわら屋」[8] はそのよい事例である。芝浦工業大学のメインキャンパスは江東区豊洲にあるので、豊洲から徒歩圏の月島はまちづくり研究の拠点を構える上で最適といえよう。この拠点での具体的な研究テーマは「コミュニティ強化」である。再開発とマンションの急増、昔からの居住者の高齢化などによって、月島ではコミュニティの希薄化が進んでいるからである。

月島長屋学校は、筆者が所有する1926（大正15）年に建てられた二軒長屋を使用している。この二軒長屋は2003年にリノベーションし、1軒の住宅へと間取り変更した。[9] この1階部分の約半分のスペースが長屋学校になっている（図4）。長屋学校部分は9畳の広さがあり、土間と畳空間に分かれている。2014年から本格的な活動が始まり、大学の授業、ゼミナール、毎月1回の長屋学校の定期会合などが行われている。2階は若い家族の住居になっており、最近注目されている「シェアハウス」ということになる。「シェア＝分かち合う」という発想は、下町文化をもつ月島には合っているだろう。2017年12月時点では、長屋学校にはメンバーと呼んでいる17名の地域住民が参加している。長屋学校は学生の学習や研究の場として始まったが、その後地域住民が中心の場へと変わっていった。これら地域住民のつながりは、かつてのような共同体的コミュニティではなく、価値観を共にする人々の「新しいコミュニティ」である。長屋学校は、長屋という歴史的家屋を使用しているものの、そこで生成されるコミュニティは、人々の間の緩やかなつながりであり、相互の関わりは自由であるが、決して無責任な関わりではない。希薄になりがちな都市住民の間に、温かみのあるつながりをつくろうとする取り組みである。

活動[10]

長屋学校の活動経緯を図5に示す。活動回数は、2014年が11回、2015年が18回、2016

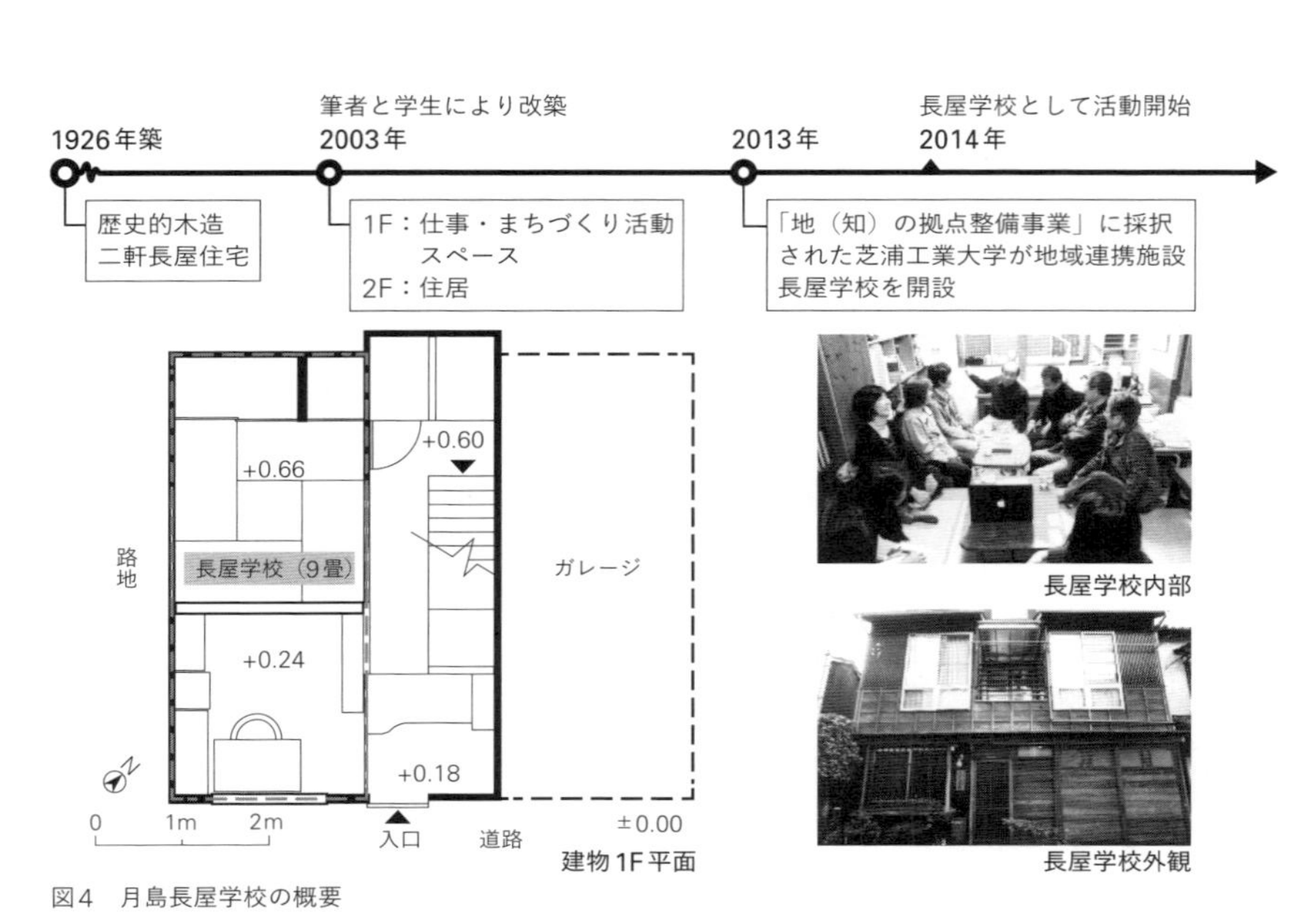

図4　月島長屋学校の概要

年が23回、2017年が31回と増加傾向にある。2014年の活動は、大学の授業やゼミナール、また定期会合におけるフリートークが中心だったが、2015年になると、国内外からの視察受け入れ・交流や同大学地域デザイン研究室のプロジェクトなどが始まった。2016年には長屋学校英語班の活動が始まった。このように活動の種類が多様化していったことで活動回数が増加した。

2017年までの活動は、以下の8種類に分類できる（図6）。

①中央区民カレッジ

中央区区民部文化・生涯学習課が企画した中央区民カレッジの講座「月島長屋学校〜ディープな路地裏のアカデミックな3日間〜」が2014年5月に3回シリーズで開講され、うち2回が長屋学校を利用して行われた。これによって、長屋学校と中央区との連携が生まれ、またこの講座参加者の有志が長屋学校に集まるようになり、月1回の定期会合が始まった。

②フリートーク

気軽に参加できるおしゃべり会・懇親会で、話題は多様

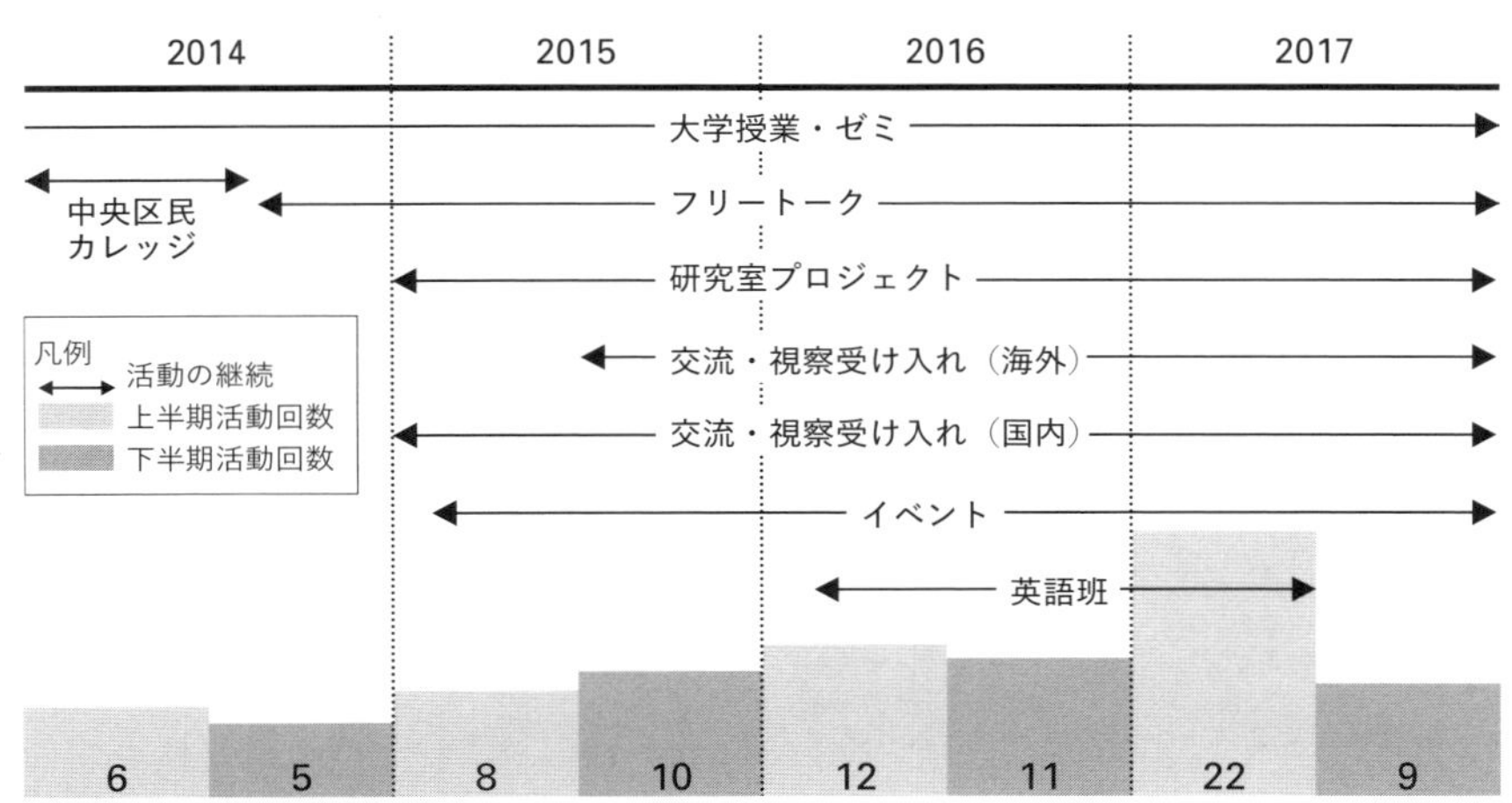

図5　2014年〜2017年6月の月島長屋学校の活動

だが、月島の歴史や新しくできたお店、日常生活に関わることなどが主である。定期会合はこのフリートークから始まった。気軽に参加できて楽しめたことから、長屋学校のメンバーが定着するようになった。

③大学の授業・ゼミナール

同大学建築学科のゼミナール、地域設計演習、卒業研究、また大学院の授業や修士研究での活動である。ゼミナールや設計演習は月島を対象とするもので、学生たちは長屋学校メンバーからもアドバイスをもらう。卒業研究や修士研究では、長屋学校メンバーと協働して取り組むことができる。

④研究プロジェクト

同大学地域デザイン研究室のプロジェクトに、学生と長屋学校メンバーが協働して取り組んでいる。たとえば、

中央区民カレッジ

中央区民カレッジ連携講座の一つである「月島長屋学校―ディープな路地裏のアカデミックな3日間―」を長屋学校で開催

フリートーク

月に1回の気軽に参加できる交流会。メンバーたちは月島の街並みや地域文化について意見交換をし、長屋学校を運営する教員は進行役として参加

大学の授業・ゼミナール

長屋学校において、芝浦工大の建築・都市計画授業、授業の成果発表会、修士論文・卒業論文の研究ゼミが行われ、学生は直接にメンバーから意見をもらう

研究プロジェクト

大学と地域が連携した住民主体のまちづくりを実践することを目的として、メンバーは経験と知識を生かし、学生と協力しながら、大学研究室のプロジェクトに直接に参加

交流・視察受け入れ

日本

日本国内におけるまちづくり関連の団体や、大学研究室との交流活動であり、研究室教員と学生、またはメンバーはガイドとして訪問者に月島を案内

海外

月島のまちを世界に発信するため、研究室プロジェクトの成果物である英語版ガイドツールを使用し、海外の大学からの訪問者に月島を案内し、月島の魅力を紹介

イベント

・佃住吉神社例大祭の参加
・学生とメンバーが主体となる社会実験活動「オープン長屋」の開催

長屋学校英語班

研究室プロジェクトや交流・訪問活動から刺激を受け、メンバーが自発的に英語勉強会を開催

図6　月島長屋学校の活動の分類

2015年には「月島路地マップ英語版」、2016年には「Tsukishima Walking Guidebook」[11]の制作に取り組んだ。学生だけでもできない、また地域住民だけでもできない、学生と地域住民が協働することで初めて可能となる成果を生み出してきた。

⑤交流・視察受け入れ（国内）

国内の大学やまちづくり団体や専門家の月島への訪問・視察の受け入れで、2015年から始まっている。同大学の教員や学生、長屋学校メンバーが対応し、長屋学校の説明や月島のまち歩きを行っており、交流の機会にもなっている。

⑥交流・視察受け入れ（海外）

海外の大学などからの訪問の受け入れであり2015年から始まっている。同大学の教員や学生、長屋学校メンバーが対応し、「月島路地マップ英語版」や「Tsukishima Walking Guidebook」を用いて長屋学校の説明やまち歩きを行っている。まち歩き後には、もんじゃ焼きを食べながらの交流会を行うことが多い。

⑦イベント

同大学の教員・学生と長屋学校メンバーが協働して、広く様々な人々が参加できる催しである。たとえば2017年には大学院生の修士研究と連携した「オープン長屋」（119頁参照）や建築学科学生の卒業研究と連携した「こどもみちおえかき」（123頁参照）を開催した。

⑧長屋学校英語班

長屋学校メンバーが自発的に行っていた英語の勉強会である。外国人の居住者や来訪者が増えており、2020年には東京オリンピック・パラリンピック大会が東京湾岸地域を中心に開催されるので、地域の国際化に対応するために始まった。長屋学校メンバーである翻訳家を中心として行われていた。テキストは、長屋学校のウェブサイトにある英文や「Tsukishima Walking Guidebook」が使用された。

長屋学校メンバーは、２０１４年当初は中央区民カレッジ受講生からの希望者11名であった。それが２０１７年12月には17名と増加している。メンバーのうち９名は月島地区の住民であるが、月島出身者は１名のみである。長屋・戸建て住宅居住者は２名のみで、残りの７名はマンション居住者である。月島地区外の８名のうち５名が中央区内の居住者で、全員マンション居住者である。メンバーの職業・活動は、まち歩きガイド、翻訳家、地元地域雑誌の編集者、大学教授、ウェブデザイナーなど職能は多様でもある。年齢は10名が60歳以上であり、残りは50代が４名、40代が１名、30代が２名である。

国内外への情報発信

月島の歴史的市街地は、今でも路地を単位とする共同体的な近隣コミュニティをもつとともに、路地と長屋からなる個性的なまち並みは、国内だけではなく海外からも多くの人々を引きつけている。また西仲通り商店街は、「もんじゃストリート」として知られるようになり、外国人も含めた多くの観光客を集めている。月島と周辺地区では、多くのタワーマンションが建設されており、外国人居住者を含めて人口が増加している。そこで月島長屋学校では、月島のまちとまちづくり活動について、様々な方法で国際化を念頭に置いた情報発信を行っている。

月島地区に昔から住んでいる人々は、このまちをただの「古いまち」と思っている人が思いの外多く、日本の近代化を支え、多様な生活文化を育んできたという価値が忘れられがちである。持続可能なまちに必要な個々の活動を生み出すインキュベーション力も高い。これらのまちの価値は、住民よりもかえって来訪者の方が気づき、評価することが多い。そこで情報発信を積極的に行い、来訪者の目線でまちを評価してもらい、その評価を住民も含めた多くの人々が受け止めるような仕組みをつくりだそうとしている。

まず月島長屋学校では、月島のまちに関する情報発信活動として、「月島路地マップ」の改訂を2014年に行った。それに合わせて、翌年「路地マップ」の英語版「Tsukishima Alley Map」を作成した。これは長屋学校メンバーの翻訳家と学生との協働作業で完成した。完成した英語版は、Walk21という歩いて暮らせる都市形成を目指す国際会議のWalking Visionaries Awards Voting Prizeを一般投票部門で受賞した。英語版制作にかかわった6名の同大学大学院生がオーストリア・ウィーン市で開催された授賞式に出席し、月島長屋学校の取り組みと「月島路地マップ」について発表した(図7)。

また2016年には、外国人へのまち歩きガイドに用いるものとして、「Tsukishima Walking Guidebook」を作成した。月島地区には、まちづくりに大切な要素があちらこちらに存在している。このガイドブックは実際に歩きながら見つけて、まちづくりを学んでいくという主旨になっている。まちづくりに大切な要素には、「昔からあるもの」と「新しいもの」があり、また「空間」と「社会」に関するものに分類できる。このなかに、「歴史的建物」「まち割り」「水辺」「ストリート」「リノベーション」「伝承」「植木」「コミュニティ」「住民活動」「食文化」の10の要素がある。そして各要素について、合計で32の場所や活動を取り上げた。このガイドブックも、2016年に香港で開催されたWalk21国

図7 Walk21国際会議での「Tsukishima Alley Map」の受賞発表(提供:Walk21)

際会議で同大学の大学院生が発表した。ガイドブックは、英語版に続いて日本語版も作成し、学生や長屋学校メンバーがまち歩きガイドなどで使用している。

まちづくり拠点である長屋学校は、情報発信のための地図といったツールも制作することで、国内外の来訪者にも積極的に対応しながら人的交流を促進しているので、情報発信と交流拠点の両方になっているといえよう。

月島長屋学校は、ウェブサイトも開設している（図８）。日本語と英語の両方を併記し、長屋学校の概要と活動について、月島地区の成り立ちとまちの歴史・特徴・生活文化について説明している。「月島路地マップ」のダウンロード数は当初、先行してアップした日本語版が多かったが、２０１８年１月には、英語版の方が逆転し多くなっている。国内だけではなく、海外からも注目されるウェブサイトになっている。このような国際化を前提とする情報発信は、今後まちづくりにおいても重要性が増していくといえよう。

図8　月島長屋学校ウェブサイト

月島長屋学校のさらなる活動① オープン長屋[12]

オープン長屋の目的と内容

２０１３年10月から始まった月島長屋学校の活動は、徐々に活動の幅が広がり活動回数やメンバーも増え、安定した軌道に乗ってきているといえる。しかしまちづくりとして成果を挙げていくためには、さらなるメンバーの増加やまちづくりにつながるような月島地区での様々な個々の取り組みを進めていくことが求められる。それには地図の制作と発行やウェブサイトによる情報発信だけではなく、多くの人々に長屋学校を訪問してもらい、交流を生み出していく活動が必要である。そのため芝浦工業大学地域デザイン研究室の学生が企画者となって、２０１７年2～6月にかけて「オープン長屋」を計12回開催した。オープン長屋は、月島長屋学校と月島のまちの価値を多くの人々に知ってもらうために、月島長屋学校の内部を開放し、学生や長屋学校メンバーと話しながら、月島長屋学校と月島のまちについて学ぶことができるイベントである。オープン長屋では、公開講座とまち歩きもそれぞれ4回開催した。オープン長屋・公開講座では、筆者が佃島・月島の地域文化やまちづくり活動に関するレクチャーを行った。オープン長屋・まち歩きでは、大学生とメンバーがガイドとなって、月島路地マップやガイドブックを使って佃島・月島を案内するまち歩きツアーを行った。

また、オープン長屋は外国人の来訪も考慮して、英語と中国語での対応も学生と長屋学校メンバーが分担して行った。

オープン長屋の結果

オープン長屋には、12回で合計75名の参加があり、国内の参加者が64名、外国人が11名であった。同時に開催した公開講座への参加者は計19名、まち歩きへの参加者は13名であった。参加者の年齢は、10代から60代までが多く、幅広い年齢層が訪れた。また参加者は、月島地区内の居住者が20名、月島地区を除く中央区内が14名、中央区外が41名と最も多かった。参加者のなかにはリピーターが5名あった。その後、これらの内2名が長屋学校メンバーとなった。オープン長屋は、月島地区の住民だけでなく中央区内外の人々の関心を集め、参加者のなかから月島のまちや月島長屋学校の活動に共感する人々を生み出し、新たな長屋学校メンバーもつくりだすことができたのである。

長屋学校メンバーのスタッフは、主に広報、進行サポート、長屋学校見学ガイド、長屋学校での待機、外国人対応、まち歩きガイドを行った。

オープン長屋の効果

オープン長屋では、参加者に対してアンケート調査を実施し、オープン長屋の効果を確認した（図9、10、11）。

アンケート調査には70名が回答した。「とても満足」が約3／4を占め、「少し満足」が1／4で、参加者全員がオープン長屋の内容に満足と回答した。満足した内容は「佃島・月島のまち並みと歴史・文化について知ることができた」が最も多く、次いで「研究者や学生、住民や他の参加者と会うことができ、お互いに話しをすることができた」、「長屋と長屋学校の活動について知ることができた」、佃島・月島のコミュニティについて知ることができた」と続いた。

Q1 今回の「オープン長屋」について、総合的にどのくらい満足していますか

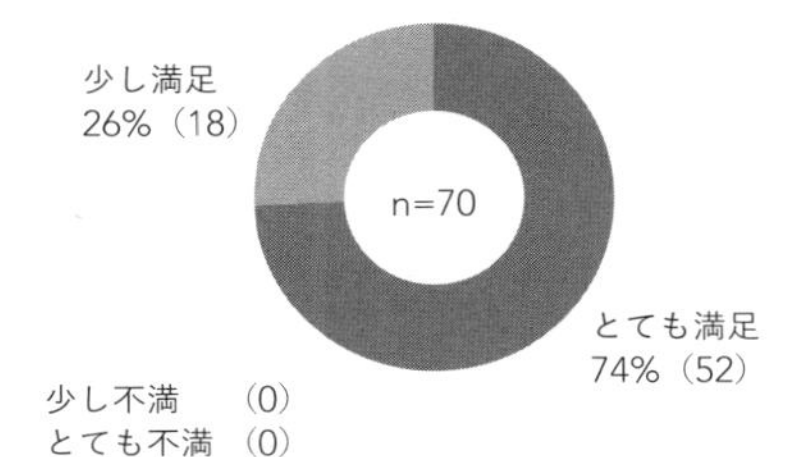

図9 「オープン長屋」の満足度

Q2 具体的なご意見やご感想がありましたらご記入下さい（回答数：35）

- 佃島・月島の街並みと歴史・文化について知ることができた 13
- 研究者や学生、住民や他の参加者と会うことができ、お互いに話をすることができた 9
- 長屋と長屋学校の活動について知ることができた 8
- 佃島・月島のコミュニティについて知ることができた 4

Q1「オープン長屋」に参加する以前、佃島・月島のまちに対する関心はどのくらい持っていましたか。

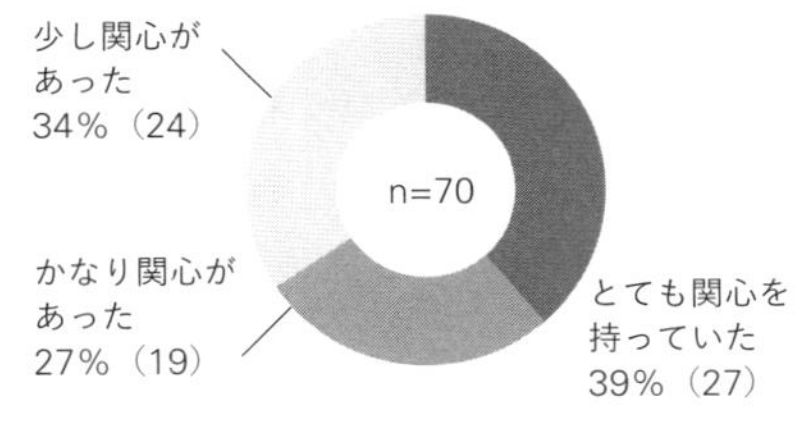

Q2「オープン長屋」に参加して、佃島・月島のまちに対する関心は高まりましたか。

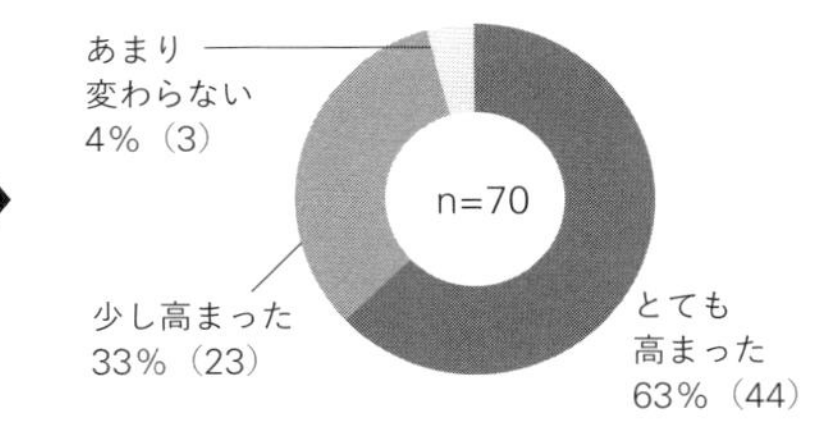

Q3「オープン長屋」に参加する以前、まちづくりに対する関心はどのくらい持っていましたか。

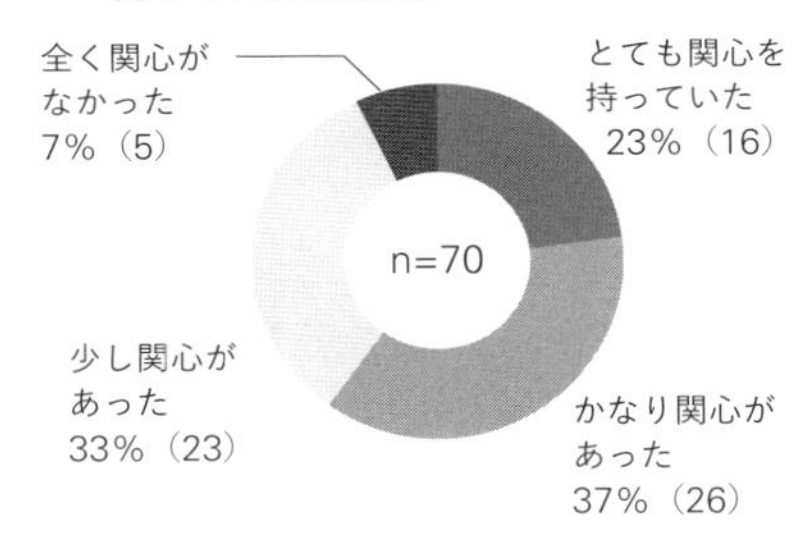

Q4「オープン長屋」に参加して、まちづくりに対する関心は高まりましたか。

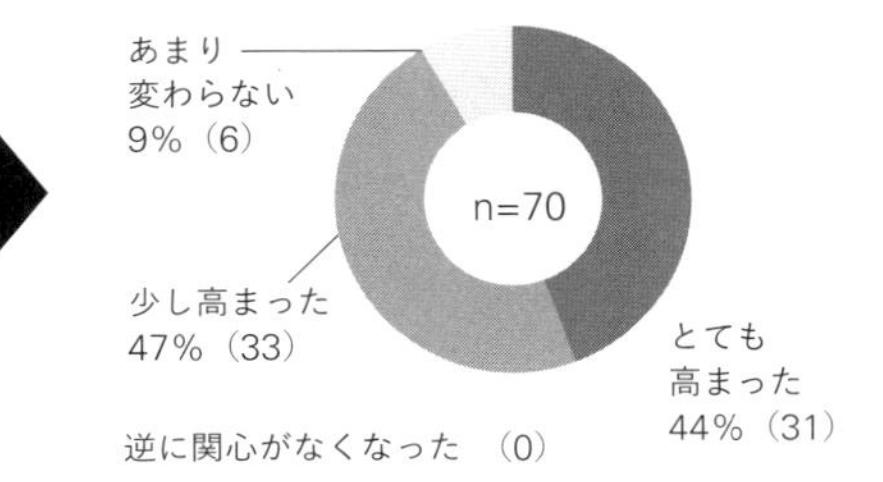

図10 「オープン長屋」による参加者の意識変化

佃島・月島のまちに対する関心については、参加者全員が強弱の違いはあるものの元々関心をもっていたが、オープン長屋に参加したことで「とても高まった」が6割以上、「少し高まった」が3割以上とほぼ全員の参加者が関心をさらに高めた。まちづくりについては、ほぼ全員が強弱の違いはあるものの元々関心をもっていたが、オープン長屋に参加したことで「とても高まった」が4割以上、「少し高まった」が5割近くと約9割の参加者が関心を高めた。

公開講座で印象に残った点としては、「路地と長屋の生活文化」が15、「まち割り」が10と多かった。これらは、講義を受けることで理解しやすかったといえる。次にまち歩きで印象に残った点としては、「長屋といった歴史的建物」が10、「水辺」と「路地」がそれぞれ9と多かった。これらは実際にまちを歩いて見ることによって理解できたと言える。以上のように、公開講座とまち歩きとでは異なる効果があることも確認することができた。

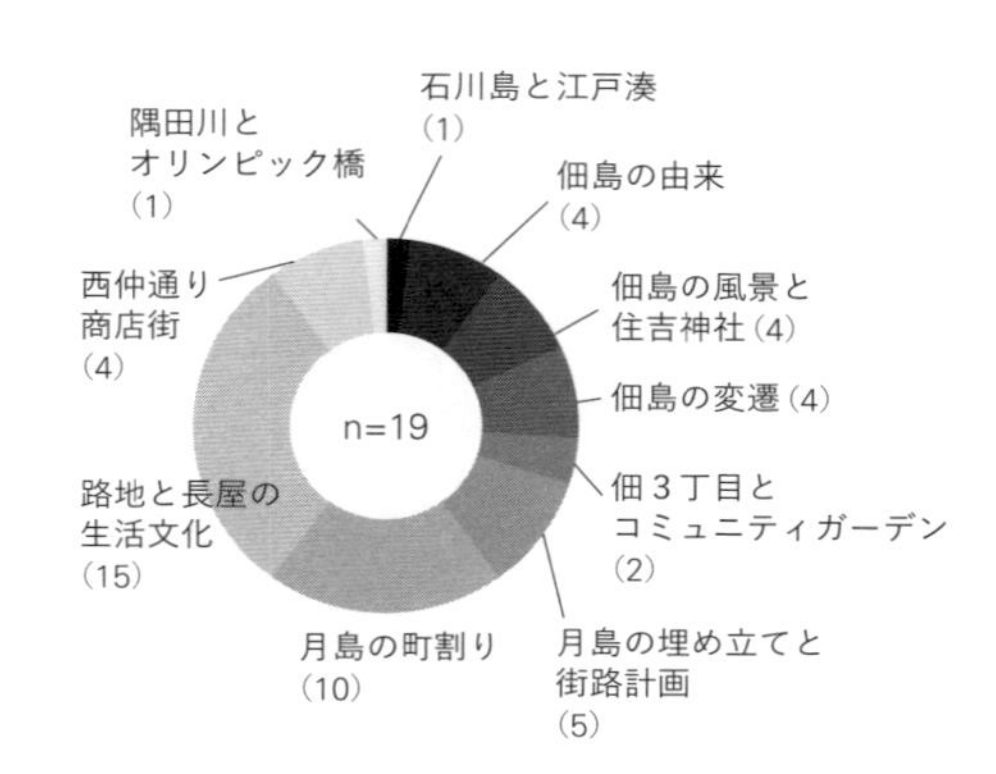

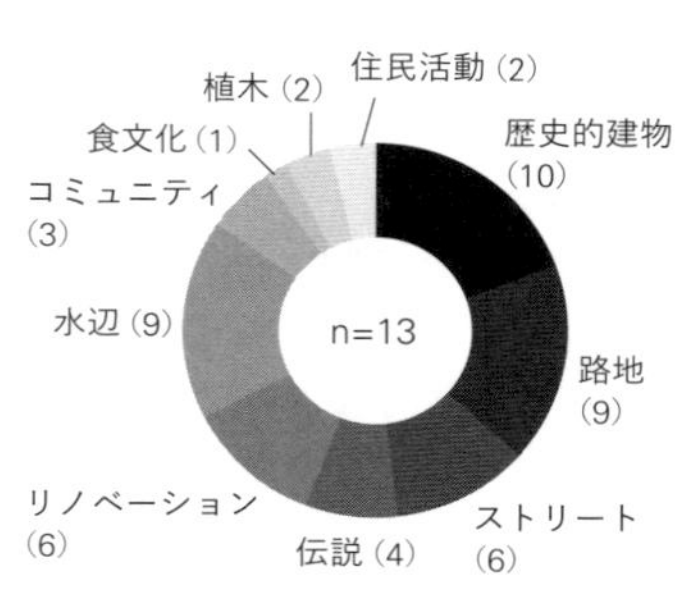

図11　公開講座とまち歩きへの参加者に対する調査結果

月島長屋学校のさらなる活動② こどもみちおえかき[13]

「こどもみちおえかき」イベントの目的と内容

月島長屋学校の活動は軌道に乗ってきたとはいえ、30代や40代のメンバーは少ない。また、オープン長屋でも若い世代の参加は比較的少なかった。若い世代のまちへの関心や地域活動への関心が低いこと、さらに地域活動への参画が少ないことは様々なまちで報告されていることである。このような問題を同大学地域デザイン研究室の学生が憂慮したため、若い世代をターゲットとしたイベントを長屋学校で開催しようということになった。学生が中心となって若い世代が参加しやすいイベントを発案し、長屋学校メンバーも一緒になって検討した結果、小さな子どもを対象とする「こどもみちおえかき」イベントを開催することになった。小さな子どもが参加するイベントには、保護者である若い世代が一緒に参加するからである。

「こどもみちおえかき」イベントは、長屋学校の前の道路で2時間の間、子どもたちがチョークを使って自由に路面に絵を描けるというもので、2017年9月24日と11月12日の2回開催した（図12）。2回目では、ぬり絵とベーゴマを追加し、また「月島路地マップ」と「月島長屋学校を紹介するチラシ」を参加者・保護者に配布した。長屋学校の前の道路は、管轄する月島警察署の規定により、日曜日の日中は車両通行止めとなる。これは、地元町会の意向にそって定められたもので、公園といった子どもの遊び場が少ない月島地区ならではのルールである。参加費は無料とした。

同大学地域デザイン研究室の学生と長屋学校メンバー、地元町会役員が分担して開催までの準備と当日のスタッフを務めた（図13）。広報では、地元の商店経営者などの協力も得た。1・2回目ともイベント

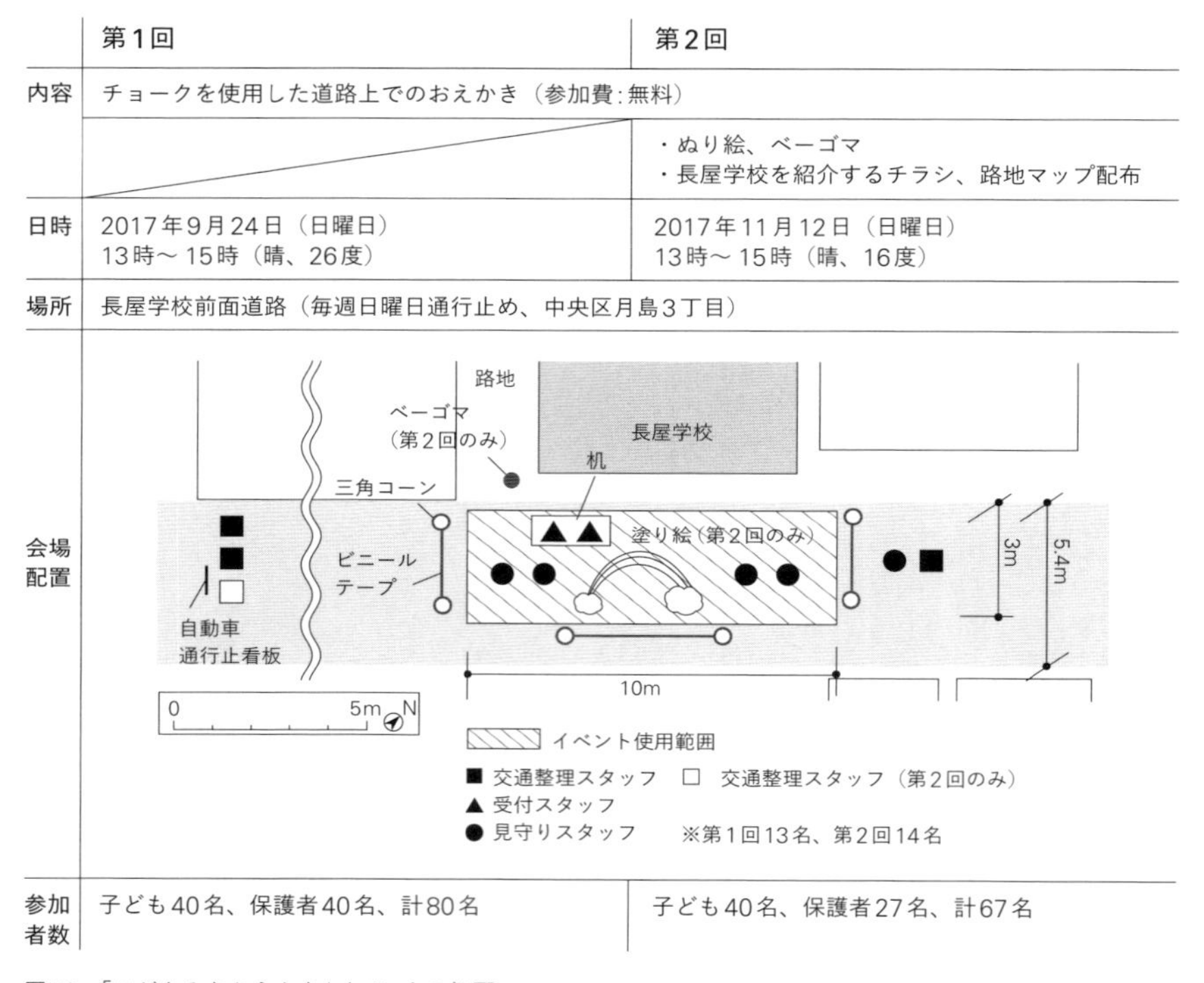

	第1回	第2回
内容	チョークを使用した道路上でのおえかき（参加費:無料）	
		・ぬり絵、ベーゴマ ・長屋学校を紹介するチラシ、路地マップ配布
日時	2017年9月24日（日曜日） 13時～15時（晴、26度）	2017年11月12日（日曜日） 13時～15時（晴、16度）
場所	長屋学校前面道路（毎週日曜日通行止め、中央区月島3丁目）	
会場配置	（配置図）	
参加者数	子ども40名、保護者40名、計80名	子ども40名、保護者27名、計67名

図12 「こどもみちおえかき」イベントの概要

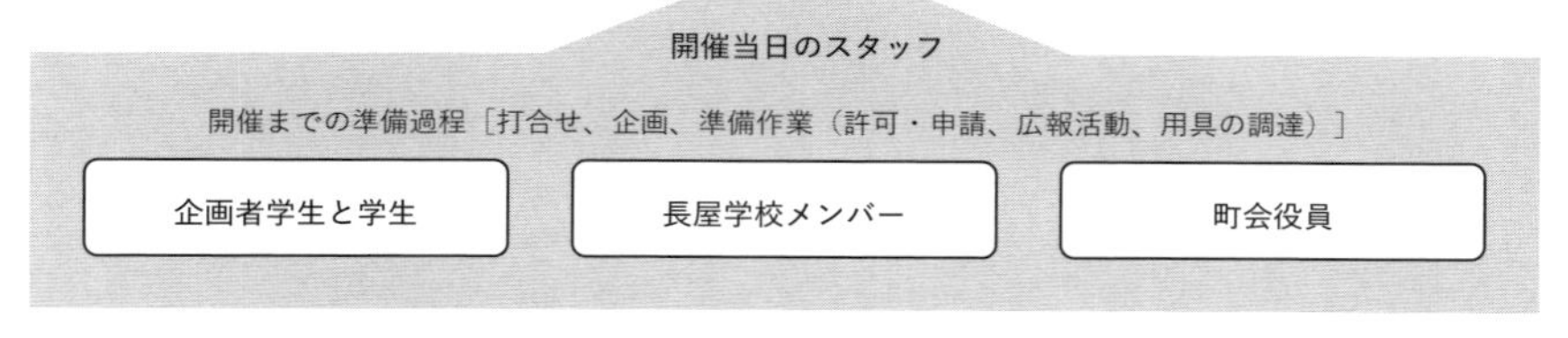

図13 「こどもみちおえかき」イベントの実施主体

開催当日は、企画者を中心として学生が受付を行い、学生と長屋学校メンバー、町会役員が子どもと保護者との対応を行った。また学生と地元町会の役員が歩行者などの通行管理と参加者の安全管理を行った。

「こどもみちおえかき」イベントの結果

第1回目は子どもと保護者を合わせて約80名、第2回目は67名の参加者があった。イベントは長屋学校前の道路を区画して行ったが、1回目でイベント参加者の一部が通行の妨げとなったため、2回目は三角コーンとビニールテープで区画したスペースを増やした。

参加した子どもは、アニメのキャラクターや旅行の思い出を描いたり、「けんけんぱ」を描いて遊んだりして、学生とも交流をしていた（図14）。1・2回目とも区画した道路面のほぼすべてが絵でいっぱいになり、両日とも区画範囲を若干広げる対応をとることになった。保護者は子どもと一緒に絵を描いたり、保護者同士で交流したりしていた。

第1回

絵を描く子ども

長屋学校から見た会場

第2回

塗り絵をする子ども

ベーゴマ遊びをする子どもと町会役員

図14 「こどもみちおえかき」イベントの様子

「こどもみちおえかき」イベントの効果

イベント参加者・保護者に対して行ったアンケート調査の結果は、回答数は1回目が40、2回目が27であった（図15）。

保護者の年齢は1・2回目とも30代、40代がほとんどで、若い世代をターゲットとしたイベントとしては成功だったといえる。

次にイベントを知ったきっかけについては、1回目では「知人からの紹介」が過半数を占め、2回目でも「知人からの紹介」は約3割強と最も多く、「チラシを見て」が3割、「町会掲示板ポスターを見て」が3割弱であった。1回目の「知人からの紹介」では、LINEやSNS、メールが使用されており、インターネットでの情報の拡散が行われたために80名もの参加者が集まったことが分かった。2回目ではチラシとポスターによる認知が増えたのだが、これは2回目のイベントを期待していたためと推測でき、このイベントが地域活動への関心を高めた結果ともいえる。

学生・長屋学校メンバー・町会役員、新たな保護者間との交流については、1回目では「交流なし」が6割を占め、「交流あり」は3割にとどまった。80名の参加者があったが、保護者は子どもの見守りや知り合い同士との会話に終始し、新たな交流が少なかったといえる。そこで2回目では、参加者・保護者に「月島路地マップ」とチラシを配布し、結果として「交流あり」が4割強となった。

今後のこのイベントへの参加意向については、1回目では「とても参加したい」が8割、「少し参加したい」が2割、2回目では「とても参加したい」が7割、「少し参加したい」が3割だった。この結果からも「こどもみちおえかき」イベントは、とても好評だったといえる。

2回目イベントでのアンケート調査では、このイベントをきっかけとする「月島長屋学校に対する関心の高まり」と「まちに対する関心の高まり」についても確認した。両方とも「とても高まった」が3割強、「少し高まった」が5割強と関心を高めた参加が9割近くを占めた。「こどもみちおえかき」イベントは、保護者と学生・長屋学校メンバー・町会役員などとの交流を生み出す工夫をすれば、まちへの関心・まちづくり活動への関心を高めることができる。

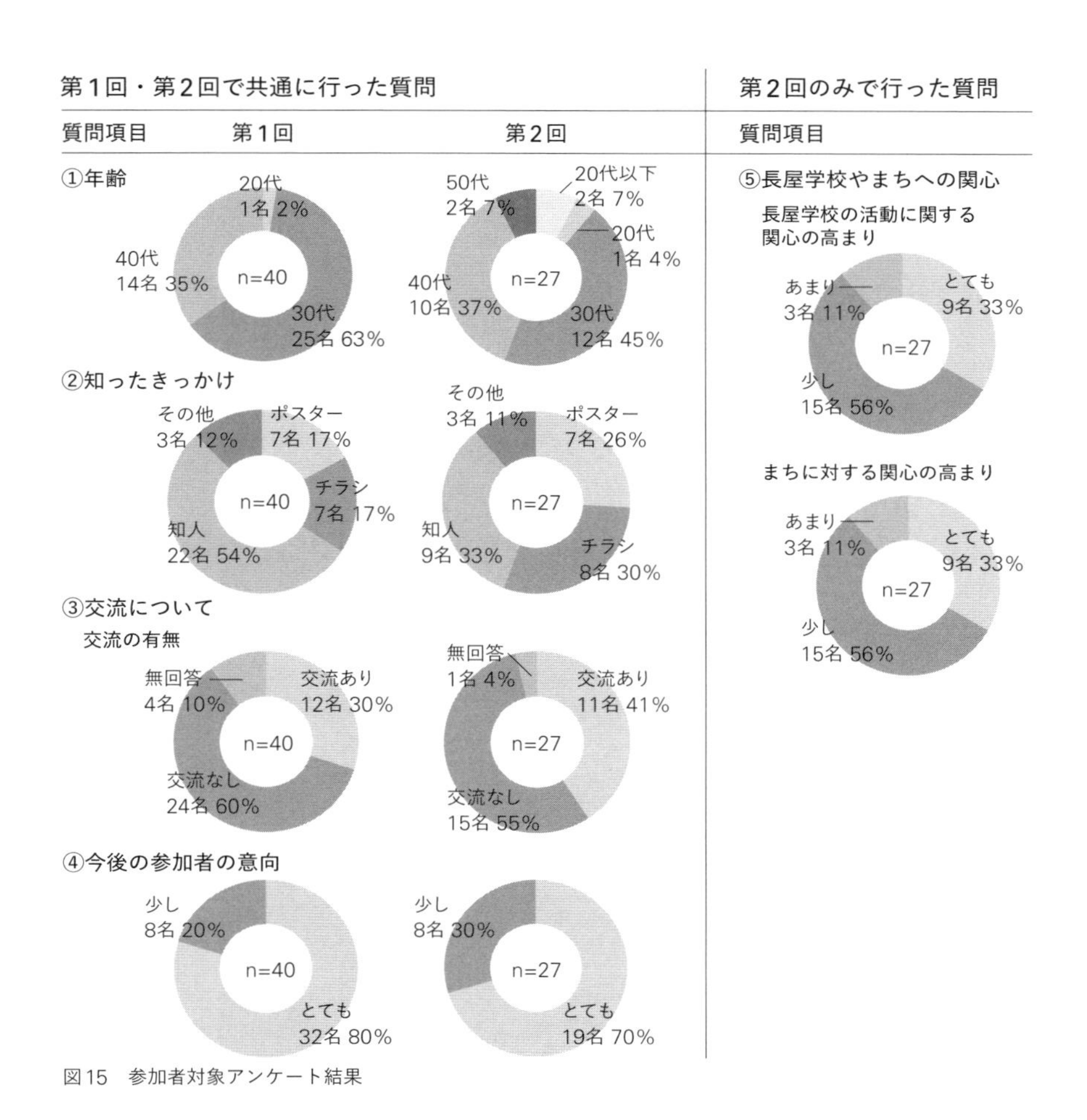

図15 参加者対象アンケート結果

月島長屋学校と連携する情報発信

佃・月島・勝どき・晴海エリア　「佃月新聞（天空新聞）」

「佃月新聞（旧天空新聞）」は地域密着の情報を発信するフリーペーパーで、毎月発行されていた。2014年秋から発行が始まり、徐々に発行部数を拡大していき、他の地域新聞と連携して2万部まで伸びた。

同紙の編集長は月島長屋学校のメンバーであり、様々な人々・組織と連携しながら情報を収集して発信している。長屋学校は、2014年度の活動初期に地域情報紙の作成を検討していた。そこに「天空新聞」の協力要請があったので連携することになった。

2018年4月からは、他の新聞との連携は取りやめ単独紙「佃月新聞」として発行されている。

勝どきエリアSNS「PIAZZA」

中央区勝どきを中心として、月島・晴海・築地をカバーするSNSコミュニティである。タワーマンションが林立するまちでも、子どもたちが「ふるさと」と呼べるようなまちにしたいと、タワーマンションに住む若い父親・母親世代が2016年に設立した。生活にかかわる情報交換の仕組みをつくり、また様々な交流イベントを開催している。運営する（株）PIAZZAは、江東区豊洲地区でもSNS「PIAZZA」を立ち上げて同様の取り組みを行っている。

CHAPTER

まちづくり協議会

まちづくりは、様々な人々が参画して長期にわたって取り組むものなので、どのような人々が参画し、どのような体制を組むのかは重要である。まちづくりの体制として、代表的なものに「まちづくり協議会」と呼ばれる組織を設立することが多い。

まちづくりの体制とまちづくり協議会

まちづくりの体制とは、まちづくりに参画する人々による組織の形と、それらの組織が自治体と住民をいかにつなげるかということである[1]。自治体と住民とをつなぐ体制の一つであるまちづくり協議会は、昭和50年代前半に住環境改善の取り組みから生まれ、住民が主体となってまちづくりの意思決定を行うための社会的な仕組みとして発想された。協議会の構成員は、町会や自治会、商店会、NPO、住民有志、企業、専門家などで、まちづくりという横断的なテーマに対応しようとしている。

まちづくり協議会の代表的な例として、1980年に設立された神戸市真野地区の「真野まちづくり推進会[2]」がある。この組織では、①5つの自治会をはじめとする地域組織の代表が参加、②若者有志による「真野同志会」を推進会の外部に設立、③相談役として、都市計画の専門家が一貫して関わる、という特徴がある。推進会は、息の長い活動を行い、その間に行政や住民と調整を重ねて、公害対策や緑化など少しずつまちづくりの成果を挙げていった。1995年に発生した阪神淡路大震災の復興まちづくりでは、この推進会が迅速に取り組み、復興の様々なプロジェクトを実現していった。震災前からまちづくりの体制ができていたので、ほかの地区と比べて迅速に、かつ柔軟に対処できたのである。その後、まちづくり協議会といったまちづくりの体制が日本各地でつくられることになった。

また、たとえば福島県二本松市竹田根崎地区のまちづくり協議会「竹田根崎まちづくり振興会議」は、拡幅街路沿道の地権者を主とする住民、商店会、NPOからなる組織であり、二本松市と福島県と住民をつなぐという体制をとっている。また景観協定にもとづくデザイン協議では、学識経験者の参画も得て「竹田根崎まち並み委員会」を組織して、二本松市と地権者とをつなぐ役割も果たした。まちづくり協議会では、目的（使命）の設定と運営（経営）[3]が重要であるが、竹田根崎まちづくり振興会議は、景観形成を主とする地域活性化を目的として、会員から毎年会費を徴収し、町会長などを会長として、副会長、専務、事務局長を定めて運営されている。

運河ルネサンス協議会

東京湾岸地域でも、まちづくりの様々な動きがあるが、湾岸地域の地理的特徴である運河・水辺の活用を目指す取り組みに、東京都が運河・水辺利用の規制緩和として制度化している「運河ルネサンス」がある（図1）。これは東京都港湾局が2005年3月に定めた「運河ルネサンスガイドライン」にもとづくものである。[4] そのガイドラインでは、「運河などの水域利用とその周辺におけるまちづくりが一体となって、地域のにぎわいや魅力などを創出することを目的とした取り組み」が行われる「運河ルネサンス推進地区」

を定めることになっており、その主体となるのが、「運河ルネサンス地域協議会」である。最初に地区指定されたのが、2005年6月港区の芝浦地区と品川区の品川浦・天王洲地区で、中央区の朝潮地区が2006年3月、品川区の勝島・浜川・鮫洲地区が2006年10月、そして江東区の豊洲地区が2009年に指定された。

5地区の運河ルネサンス協議会の状況は図1のとおりである。[5]

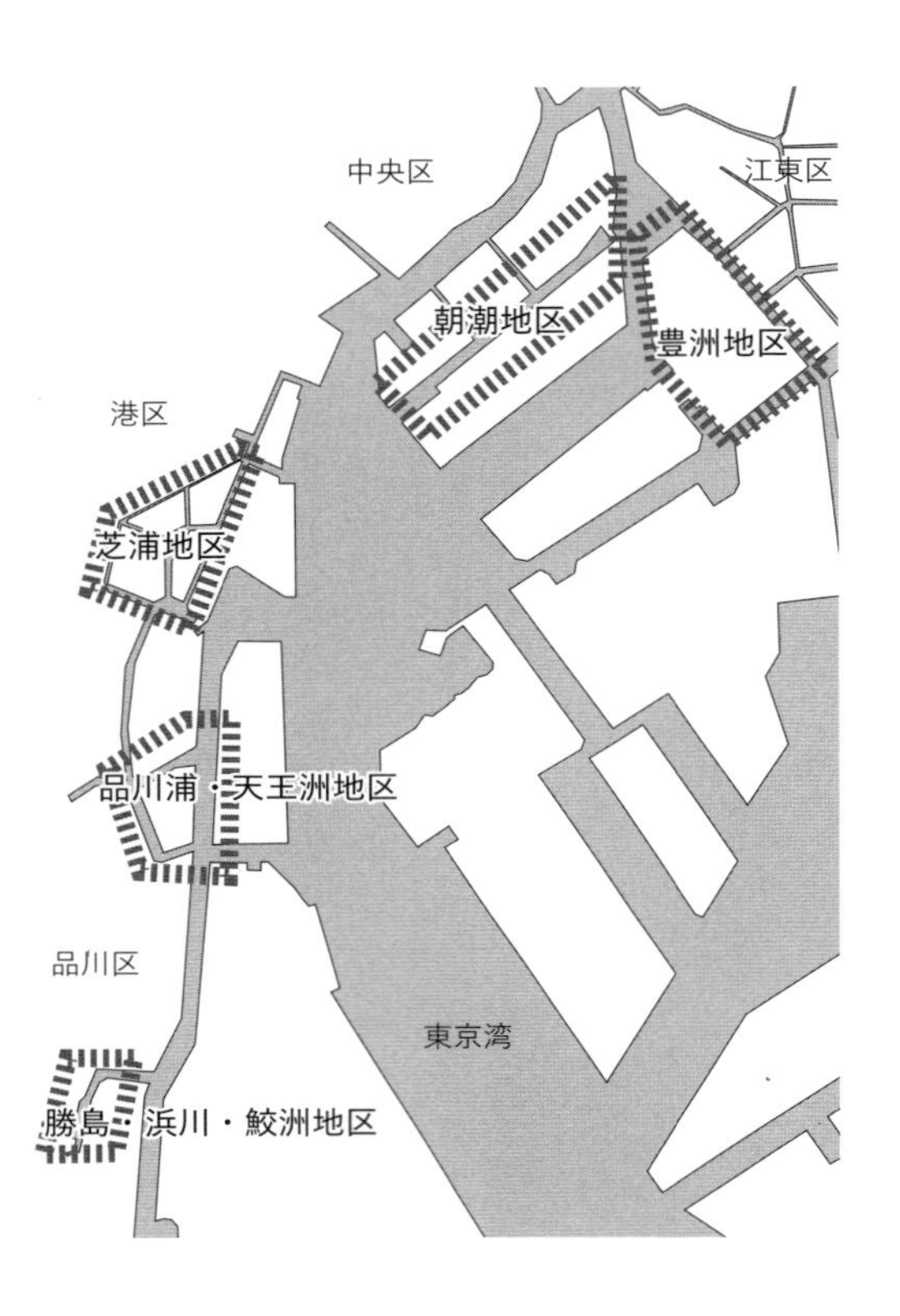

地区	協議会設立年	推進地区指定	関係区	団体数	主な主体	主な整備	主な活動
芝浦地区	2005年5月	2005年6月	港区	16	町会、商店会、企業 等	桟橋、護岸	お祭り、CANAL CAFE 等
品川浦・天王洲地区	2005年5月	2005年6月	品川区	16	企業、町会、民間事業者 等	桟橋、水上レストラン	お祭り 等
朝潮地区	2006年1月	2006年3月	中央区	15	企業、町会、民間事業者 等	護岸	―
勝島・浜川鮫洲地区	2006年7月	2006年10月	品川区	12	NPO法人町会 等	桟橋	ボート教室、お祭り 等
豊洲地区	2009年3月	2009年7月	江東区	20	町会、事業者、大学 等	桟橋、キャナルウォーク	お祭り、船カフェ 等

※団体数は2015年当時のもの

図1　運河ルネサンス推進地区

芝浦地区ルネサンス協議会の会員は、地元町会や商店会が中心で、運営は芝浦海岸町会商店会連絡協議会が中心となっている。「芝浦運河まつり」やCANAL CAFEの運営が主な活動である。

品川浦・天王洲地区運河ルネサンス協議会の会員は、地元企業が中心で、事務局も参加企業の社員が務めている。水上レストランや「しながわ運河まつり」が主な活動である。

朝潮地区ルネサンス協議会の会員は、町会やNPO法人、漁業関係団体、観光団体などからなり、地元のNPO法人メンバーが会長と事務局を務めている。ハゼ釣り調査や魚の放流が主な活動である。

勝島・浜川・鮫洲地区運河ルネサンス協議会の会員は、町会や商店会が多いが、NPO法人や任意団体もいくつかあり、NPO法人の勝島運河倶楽部のメンバーが会長と事務局を務めている。カヌーやEボート教室、水辺を草花で彩る「しながわ花海道」が主な活動である。

豊洲地区運河ルネサンス協議会の会員は、町会、商店会、大学、小学校PTAなどで、事務局は芝浦工業大学の地域連携生涯学習企画推進課と建築学科地域デザイン研究室が務めている。「船カフェ」「豊洲水彩まつり」が主な活動である。

以上のように、5地区の運河ルネサンス協議会は、設立当初よりも組織の規模を拡大し、運河と水辺の活用の取り組みは活発になっている。「運河・水辺の活用による賑わいづくりとコミュニティづくり」という協議会の目的が明確であり、かつ人々に支持されやすいテーマであることが強みである。また運営方法は、各協議会の状況に合わせて様々であり、無理せず身の丈に合わせて活動していることが継続につながっているといえよう。舟運事業者によるクルーズなどは、1地区に収まる活動ではないため、東京湾岸地域全体での運河・水辺活用の盛り上がりが望ましい。東京都は定期的に5地区の運河ルネサンス協議会が一堂に集まる「連絡会」を開催している。このような会合もあって、5地区は互いに情報交換を行い、また刺激し合うことで活発に活動しているといえよう。

豊洲地区運河ルネサンス協議会

この運河ルネサンス協議会の特徴的なプロジェクトである「船カフェ」の仕組みと成果を紹介したい。

協議会設立の経緯と概要

江東区豊洲（図2）では、豊洲地区運河ルネサンス協議会設立前の２００７年11月に芝浦工業大学の学生が中心になった「豊洲運河リバークルージング」、翌２００８年11月には、「江東水辺のまち

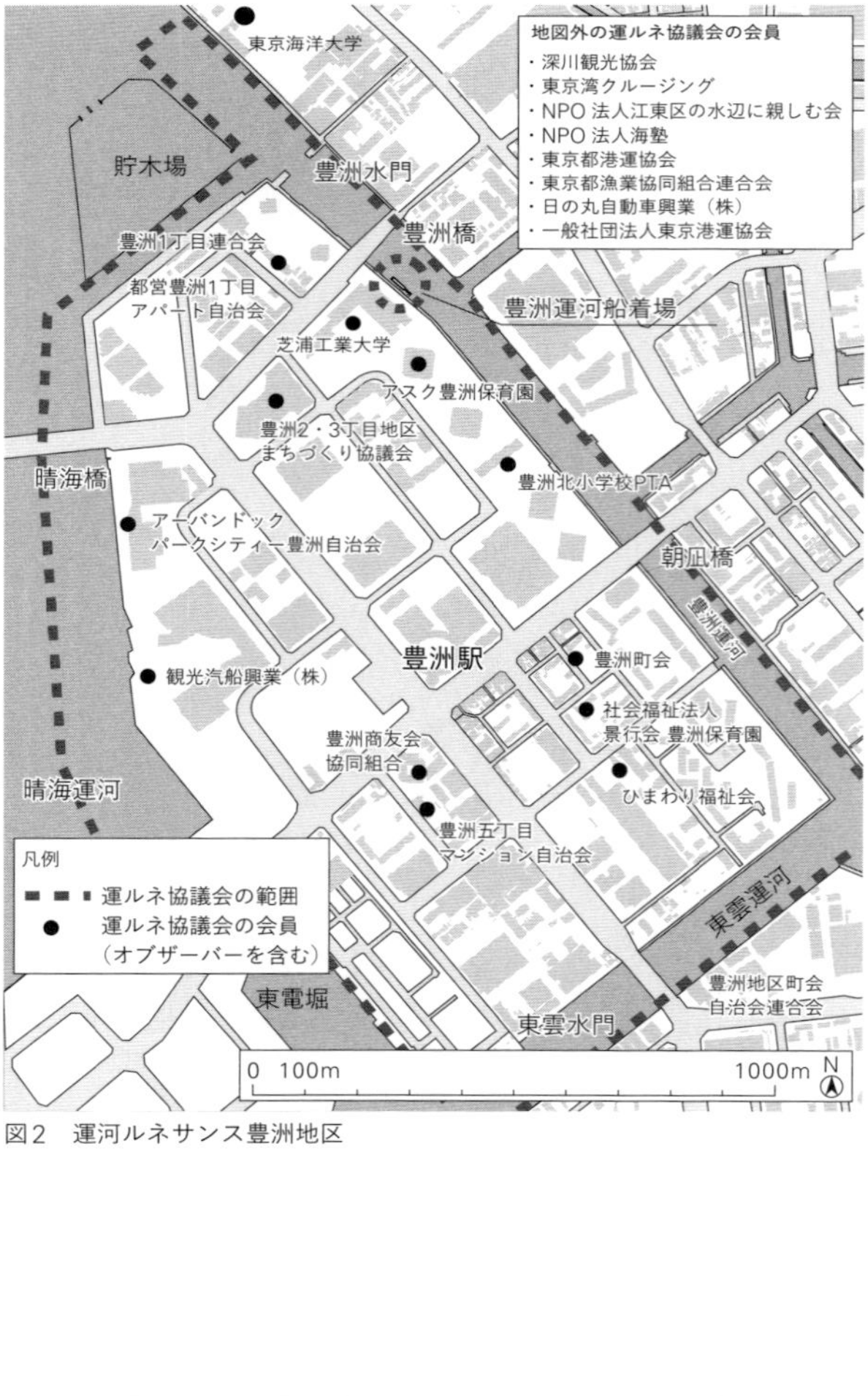

図2　運河ルネサンス豊洲地区

づくりフォーラム」が開催されたという経緯（図3）から、協議会の事務局を同大学の地域連携・生涯学習企画推進課と建築学科地域デザイン研究室が務めている（表1）。

2010年3月に同大学豊洲キャンパス脇の豊洲運河に、江東区によって浮き桟橋タイプの船着場が整備された（図4）。「船着場等管理に関する協定書」を江東区、運河ルネサンス協議会、同大学の三者で締結して、この船着場の日常的な管理を大学が行うことになっている（図5）。つまり、豊洲での運河・水辺活用の取り組みは、大学が一つの拠点となっている。

日付		会合	イベント
2006年	3月31日	運河ルネサンス豊洲地区連絡会（第1回）	
2007年	3月26日	運河ルネサンス豊洲地区連絡会（第2回）	
	11月24日		豊洲運河リバークルージング（※1）
2008年	2月15日	運河ルネサンス豊洲地区連絡会（第3回）	
	3月17日	第1回豊洲地区運ルネ協議会設立準備会	
	5月9日	第2回豊洲地区運ルネ協議会設立準備会	
	7月8日	第3回豊洲地区運ルネ協議会設立準備会	
	9月29日	第4回豊洲地区運ルネ協議会設立準備会	
	11月2日		「江東」水辺のまちづくりフォーラム（※2）
	12月8日	第5回豊洲地区運ルネ協議会設立準備会	
2009年	3月1日	「運ルネ協議会」設立	
	3月	「キャナルウォーク」開放	
	7月25日		打ち水大作戦（※3）
		「潮風の散歩道」開放	
2010年	3月	「豊洲運河船着場」整備完了	
	3月27日		江東水彩都市づくりフェスタ（※4）
	8月21日		豊洲水彩まつり

※1 芝工大の学生が企画し、仮設の船着場を設置して豊洲周辺のクルージングを実施した。
※2 芝工大と東京海洋大学、江東区、運ルネ協議会設立準備会のメンバーが開催したもので、船上からの水辺の視察とシンポジウムを行った。この際、学生による船着場の提案が行われた。
※3 芝工業大学前のキャナルコートで、小学生以下の子どもを対象に竹筒水鉄砲をつくり、簡単なゲームや打ち水を行った。
※4 船着場を利用してドラゴンボートやカッターボートの乗船体験やほかの江東区の防災船着き場との連絡船を行った。そのほかに、キャナルコートを利用した出店や打ち水などを実施した。

図3　船着場整備前後の経緯

分類	会員団体名	
住民	豊洲地区町会自治会連合会	副会長
	豊洲町会	
	都営豊洲１丁目アパート自治会	
	豊洲五丁目マンション自治会	
	アーバンドック　パークシティー豊洲自治会	
商店会	豊洲商友会協同組合	会長
観光	深川観光協会	
企業	豊洲２・３丁目地区まちづくり協議会	
大学	学校法人　芝浦工業大学	事務局
小学校	豊洲北小学校 PTA	
保育園	社会福祉法人ひまわり福祉会	
	アスク豊洲保育園	
	社会福祉法人　景行会　豊洲保育園	
漁業組合	東京都漁業協同組合連合会	
NPO 法人	NPO 法人江東区の水辺に親しむ会	
	NPO 法人　海塾	
舟運事業者	東京湾クルージング	
	日の丸自動車興業（株）	
	観光汽船興業（株）	
	一般社団法人東京港運協会	

表１　豊洲地区運河ルネサンス協議会の会員

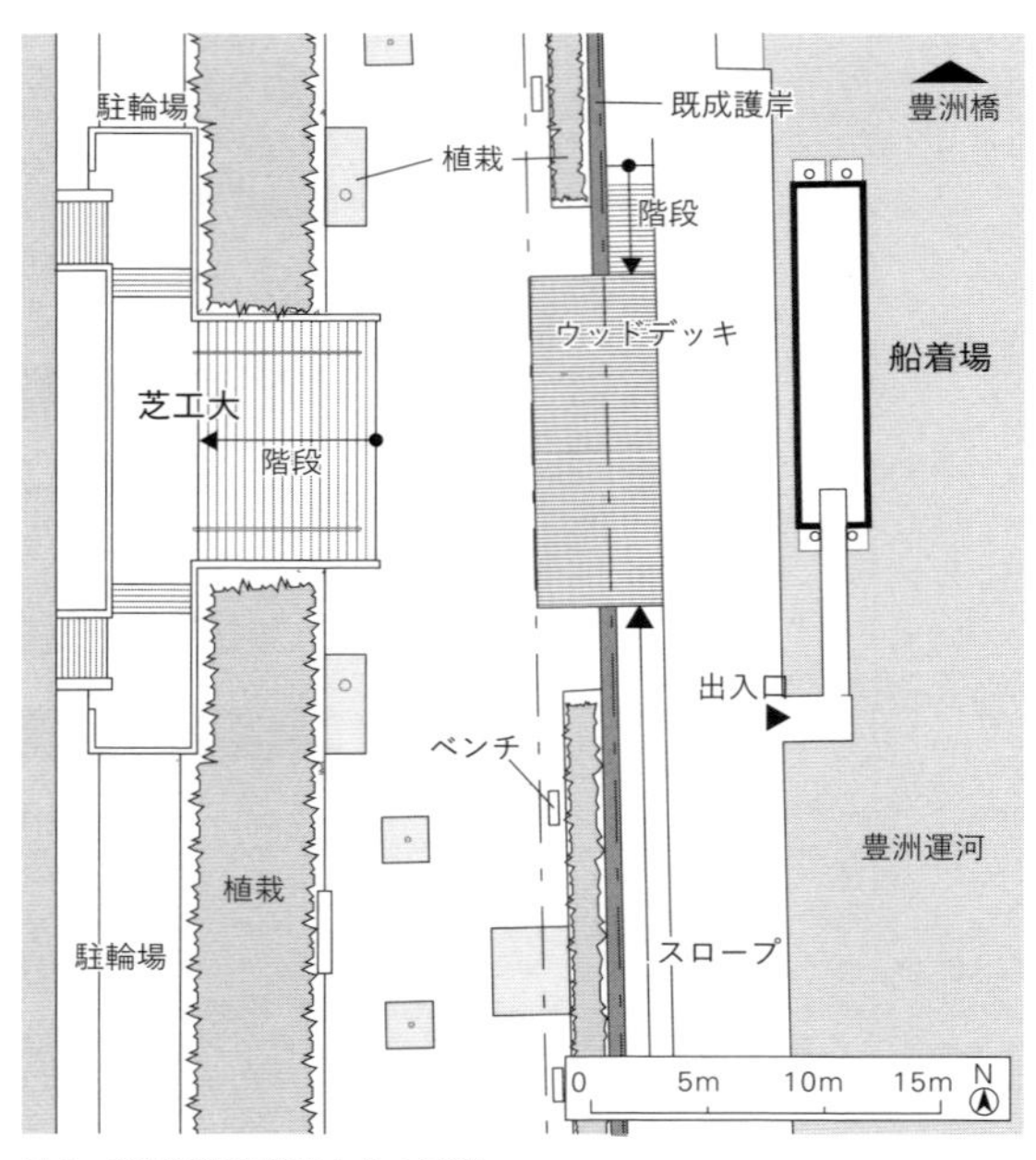

図４　豊洲運河船着場とその周辺

船カフェ社会実験[6]

船カフェの始まり

豊洲運河船着場が整備された後、２０１０年8月には「豊洲水彩まつり」が開催され、ドラゴンボート乗船体験などが行われた。「豊洲水彩まつり」は、その後毎年夏に開催されている。

船着場は同大学の研究活動や授業、またNPOの活動などで使用されはじめていたが、もっと有効活用して、日常的に人々が水辺に集い、水辺に賑わいを生み、そして水辺・運河への人々の関心を高め、船着場や運河ルネサンス協議会の認知度を上げる方法を検討していた。そのなかから船着場に係留した船を使った「船カフェ」というアイデアが生まれ、その社会実験を２０１１年度から行っている。船カフェは、建物などのハード整備をともなわずに、水辺にカフェを開店することができるという、運河ルネサンスの規制緩和制度をうまく利用したものといえる。

船カフェの概要と結果

２０１１年の船カフェでは、船内でパン、焼き菓子、ケーキ、ソフトドリンク、アルコール類の販売を行った（図6、表2）。販売はすべてテイクアウト可能であった。客席数は、1階船内に16席、1階デッキに6席程度、2階デッキに17席、合計39席程度であった。

春は4月14～28日、夏は8月6日、秋は11月4～6日、9、10、16、17日の計7日間実施した。来客数は、春は計13日間で１９６１人、1日平均１５０人であった（表３）。週末に多く、日曜日は２８０人を超えていたが、天候が悪かった

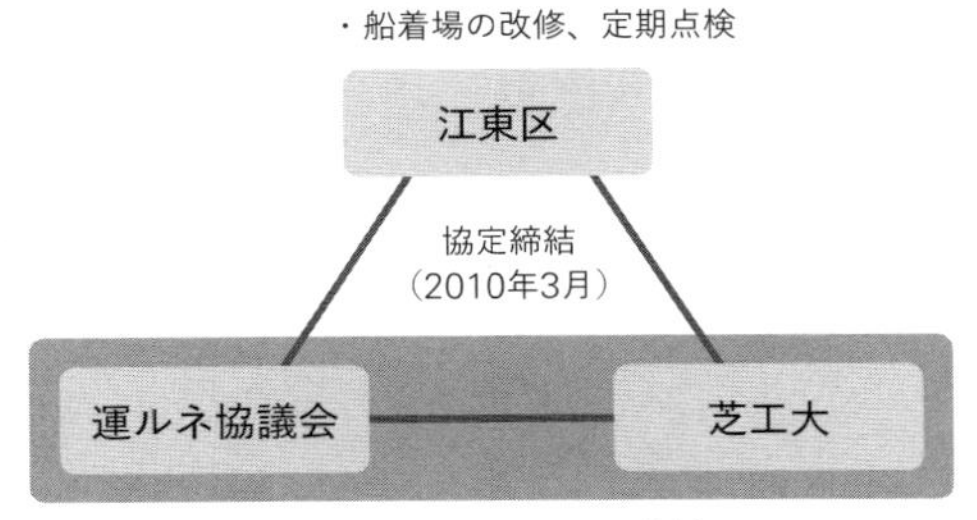

図5　船着場等の管理に関する協定

● 目的
地域と連携しながら運用を行うことにより、周辺におけるにぎわいづくりを推進する。

● 使用方法
・豊洲地区運河ルネサンス協議会の活動
・江東区が認める観光振興などの活動
・研究、教育、文化活動

● 緊急時
防災船着場としての利用が可能

● 使用料
無料
（申し合わせ文書（2011年5月）による）

4月23日は32人であった。夏は1日で658人と最も多かった。秋では計7日間で合計717人、1日平均102人と比較的少なかった。春、夏、秋を通じて計21日間で合計3336人、1日平均177人であった。夏は「豊洲水彩まつり」との相乗効果で来客数が多くなり、秋は日照時間が短く気温が低くなったため客足が減ったと考えられる。

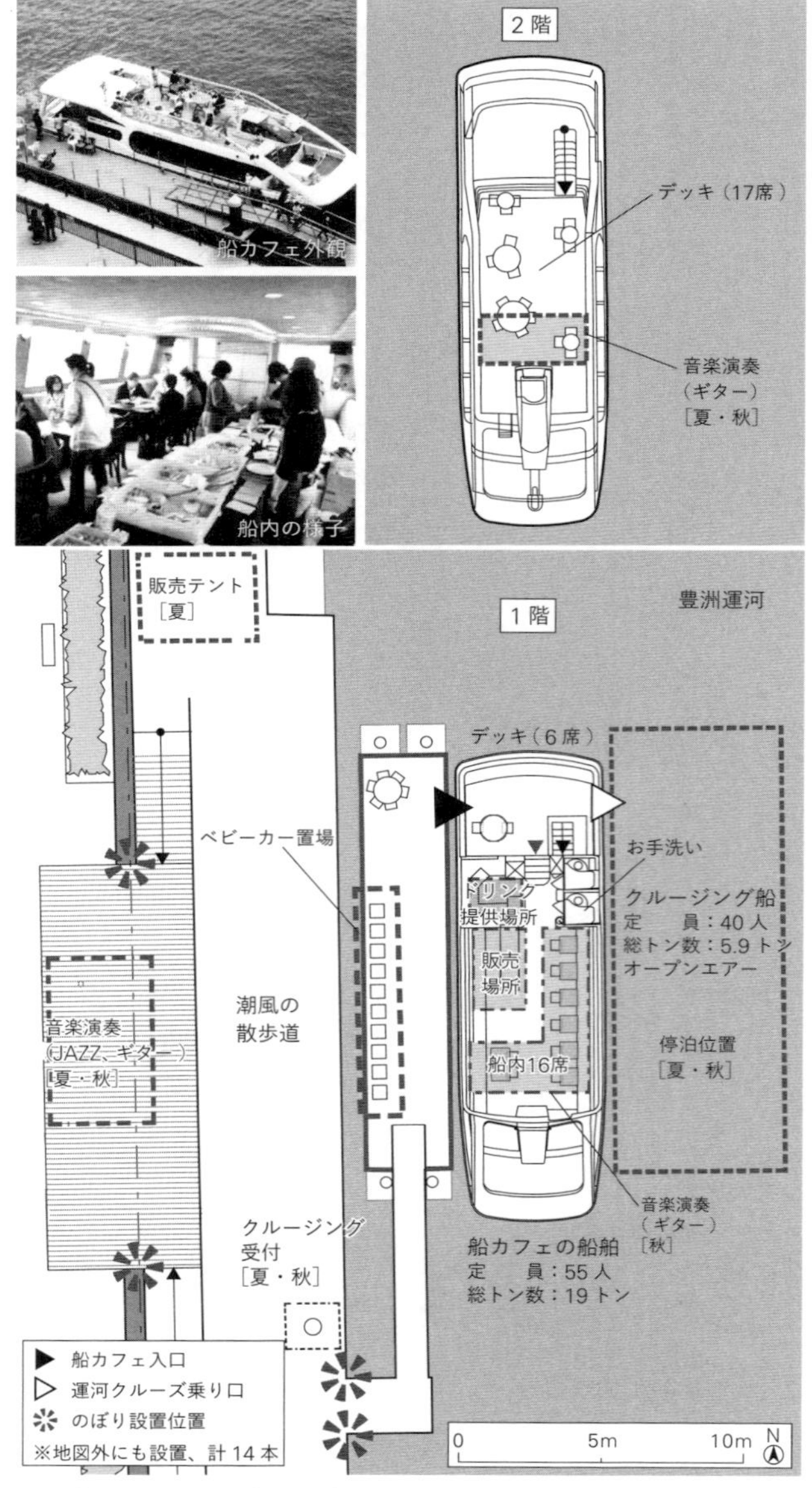

図6　「船カフェ」の配置（2011年）

日時	販売物	船着場周辺			芝工大
		水上		水辺	
		船カフェ	クルージング船		
春 4月14～28日 10:00～16:00	パン 焼き菓子 ケーキ ソフトドリンク アルコール類	・楽器演奏 (初日のみ) ・アンケート調査			・地方統一選挙 (4月24日)
夏 8月6日 10:00～16:00	パン 焼き菓子 ソフトドリンク アルコール類	豊洲水彩まつり			・納涼祭
		・音楽演奏 (ギター) ・アンケート調査	・クルージング ・音楽演奏 (ギター)	・テント販売 ・音楽演奏 (ギター)	
秋前半 11月4・5・6日 11:00～15:00	パン 焼き菓子 ソフトドリンク	・音楽演奏 ・アンケート調査	・クルージング		・学園祭 (11月4・5・6日)
秋後半 11月9・10日 16・17日 11:00～15:00	パン 焼き菓子 ソフトドリンク アルコール類	・クルージング ・アンケート調査			

表2 「船カフェ」各回の内容(2011年)

日付			天気	気温(°C)		船カフェ	クルージング
				最高	最低	来客数(人)	来客数(人)
春	4月15日	木	晴	22.1	11.1	153	
	4月16日	金	晴	22.5	13.7	125	
	4月17日	土	晴	24.6	12.9	220	
	4月18日	日	晴のち曇	17.6	9.6	286	
	4月19日	月	定休日				
	4月20日	火	晴時々曇	18.1	7.3	119	
	4月21日	水	晴のち曇	16.7	6.5	138	
	4月22日	木	晴のち曇	16.2	8.8	132	
	4月23日	金	曇	18.8	11.4	118	
	4月24日	土	雨	17.9	14.8	32	
	4月25日	日	晴	20	11.4	288	
	4月26日	月	定休日				
	4月27日	火	晴	21	11.3	118	
	4月28日	水	晴	24.4	14.9	107	
	4月29日	木	晴	24.8	14.3	125	
	小計					1,961	
夏	8月7日	土	晴	32.3	26	658	190
秋	11月5日	金	晴	22	14.8	104	58
	11月6日	土	晴	22.2	15.2	168	77
	11月7日	日	曇時々雨	22.7	15.9	148	44
	11月10日	水	曇	16.6	11.7	109	55
	11月11日	木	曇	16.2	11.9	60	32
	11月17日	水	晴	15.8	9.7	63	15
	11月18日	木	晴	19.7	9.5	65	38
	小計					717	319
合計						3,336	509

表3 「船カフェ」の来客数・売り上げ(2011年)

以上のように、客足は天候に大きく左右され、秋などは全体的に少なくなる。また、同時に開催されるイベントによっても増減するので、天候、季節、同時開催イベントに注意する必要がある。

船カフェの評価と効果

船カフェの来客者に対してアンケート調査を行った（図7、8、9）。来客者は春、夏、秋で多少のばらつきがあるものの、幅広い年代となっていた。居住地は豊洲地区が約半数で、江東区外も4分の1程度を占めている。これは豊洲周辺に勤める会社員がいたためと考えられる。

船カフェの評価に関するアンケートほぼすべてが「とても良い」「まあまあ良い」であり、とても好意的である。また、再度実施してほしいという人が大半であった。

船カフェの効果に関するアンケートでは、船着場については、春から秋にかけて「知らない」が減少し、「知っていた」が若干増加した。また、「今回知った」が毎回12〜21％であった。船カフェは船着場の認知度を確実に高めているといえる。運河ルネサンス協議会については、春から秋にかけて「知らない」が大きく減少し、「知っていた」が大きく増加した。また、「今回知った」が18〜37％あった。船カフェは運河ルネサンス協議会の認知度も確実に高めているといえる。遊歩道については、「利用するようになった」が夏で20％。秋で16％であった。また、水辺環境への意識については、「意識するようになった」が夏で45％、秋で33％であった。船カフェは、水辺・運河への人々の関心を高める効果的な活動である。

船カフェの実施体制

船カフェは、運河ルネサンス協議会の会員である3団体（豊洲商友会、東京湾クルージング、芝浦工業

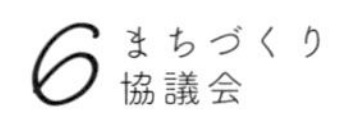

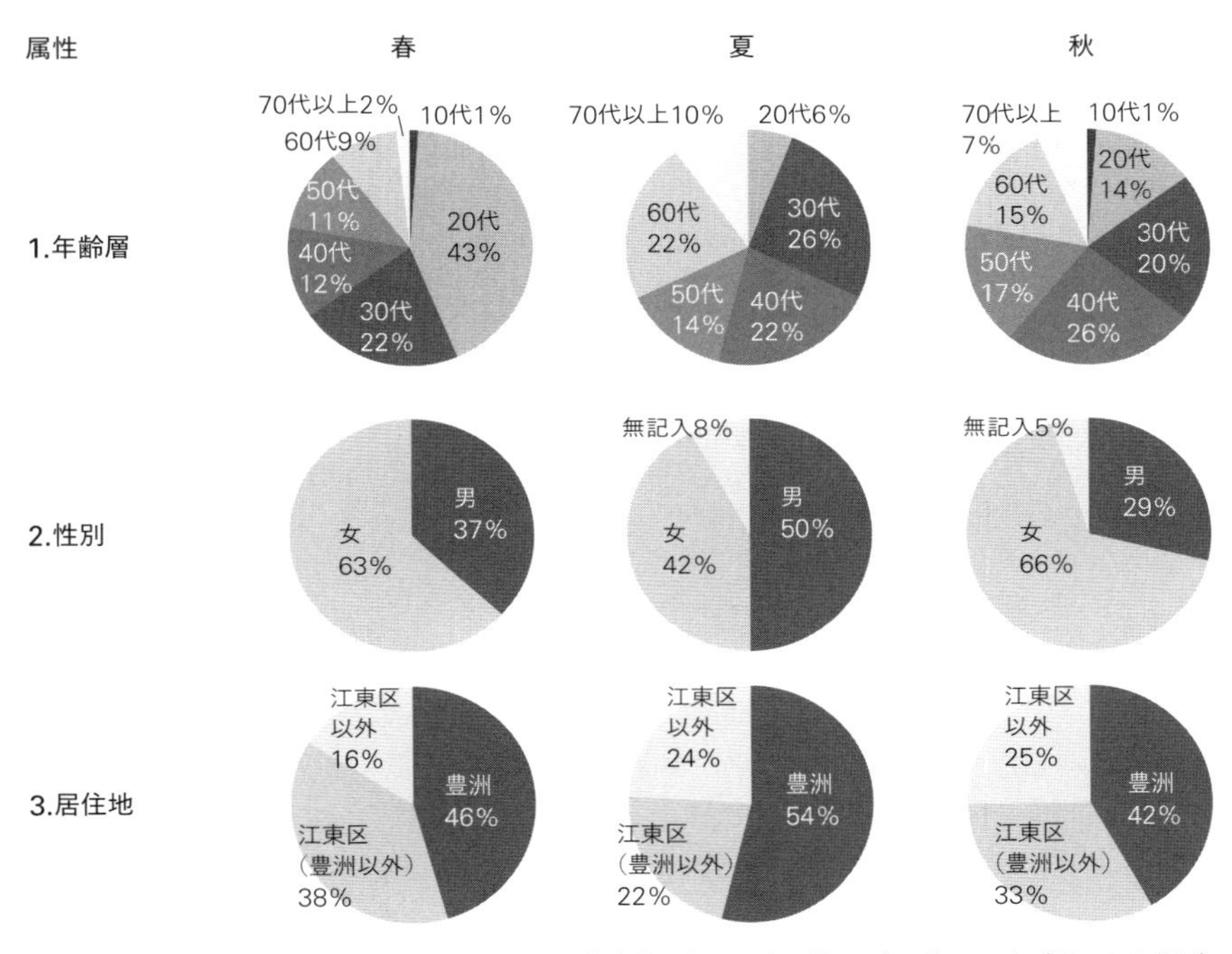

※回答者数　春：146人　夏：50人　秋：167人（図5・6・7共通）

図7　アンケート回答者の属性（2011年）

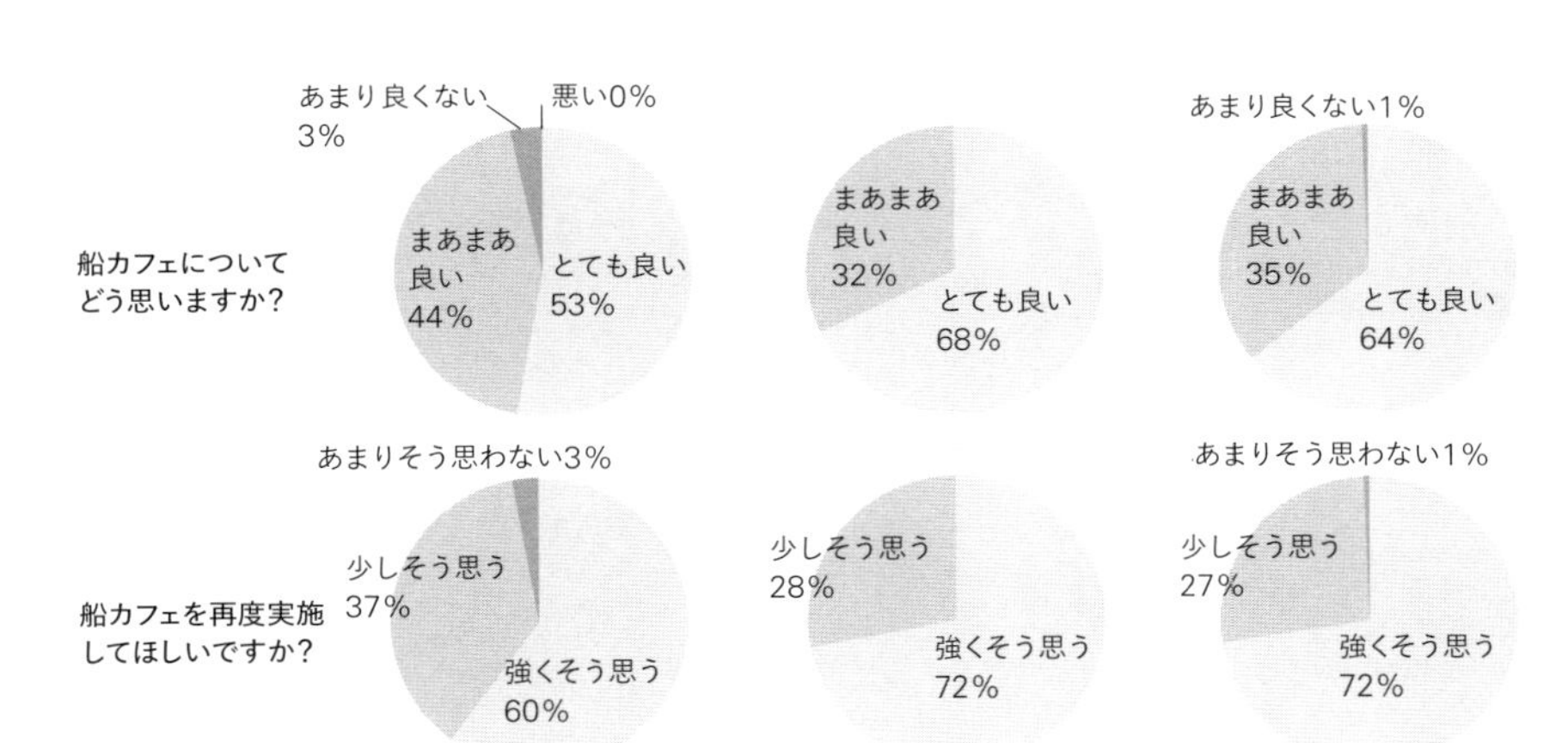

図8　「船カフェ」の評価（2011年）

大学）が中心となって実施している（図10）。地元商店会である豊洲商友会が飲食物を提供し、東京湾クルージングが船舶を提供し、同大学が企画と全体調整、申請手続き、準備と営業などの一連の作業を行っている。3団体がそれぞれの専門性を発揮することで、船カフェが実施可能となった。つまり、運河ルネサンス協議会のなかに、地元商店会、クルージング業者、大学研究室・事務局があり、それら3団体が意思決定をすることが、船カフェを実現可能とした。そして運河ルネサンス協議会会員の全団体が、地域の様々な組織への広報や同時

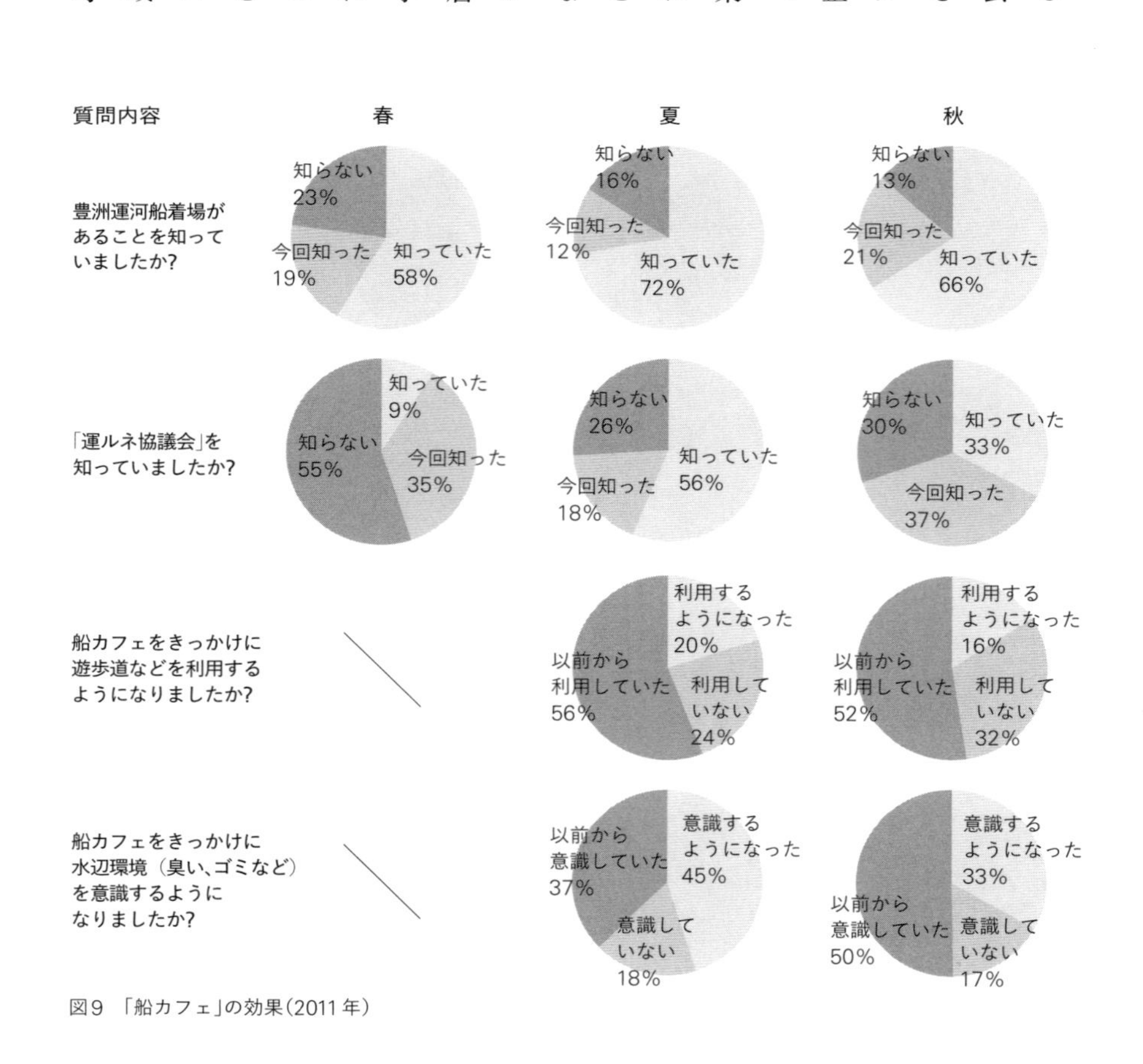

図9　「船カフェ」の効果（2011年）

イベントの開催といった集客活動を行っている。

船カフェの継続的な実施

船カフェは、2011年の実施結果を参考にしてその後も毎年実施している。社会実験ということで、実施時期と期間、運河クルーズとの連携、水辺に露店を出すキャナル・カフェとの連携などを毎年試し、アンケート調査などでデータを取りながら実施している。

運河クルーズとクルーズガイド

豊洲地区運河ルネサンス協議会では、毎年の主な活動として、「船カフェ」と「豊洲水彩まつり」を開催しているが、そのイベントと合わせ運河クルーズを実施している。このクルーズでは、建築学科地域デザイン研究室の学生がガイドを行い好評である。運河クルーズでの見所を紹介するのであるが、学生らしく元気な説明が好評の要因になっている。2014年には、ガイド実施してきた学生ガイドの評価結果を受けて、ガイド内容を精査することで「クルーズガイドブック」が完

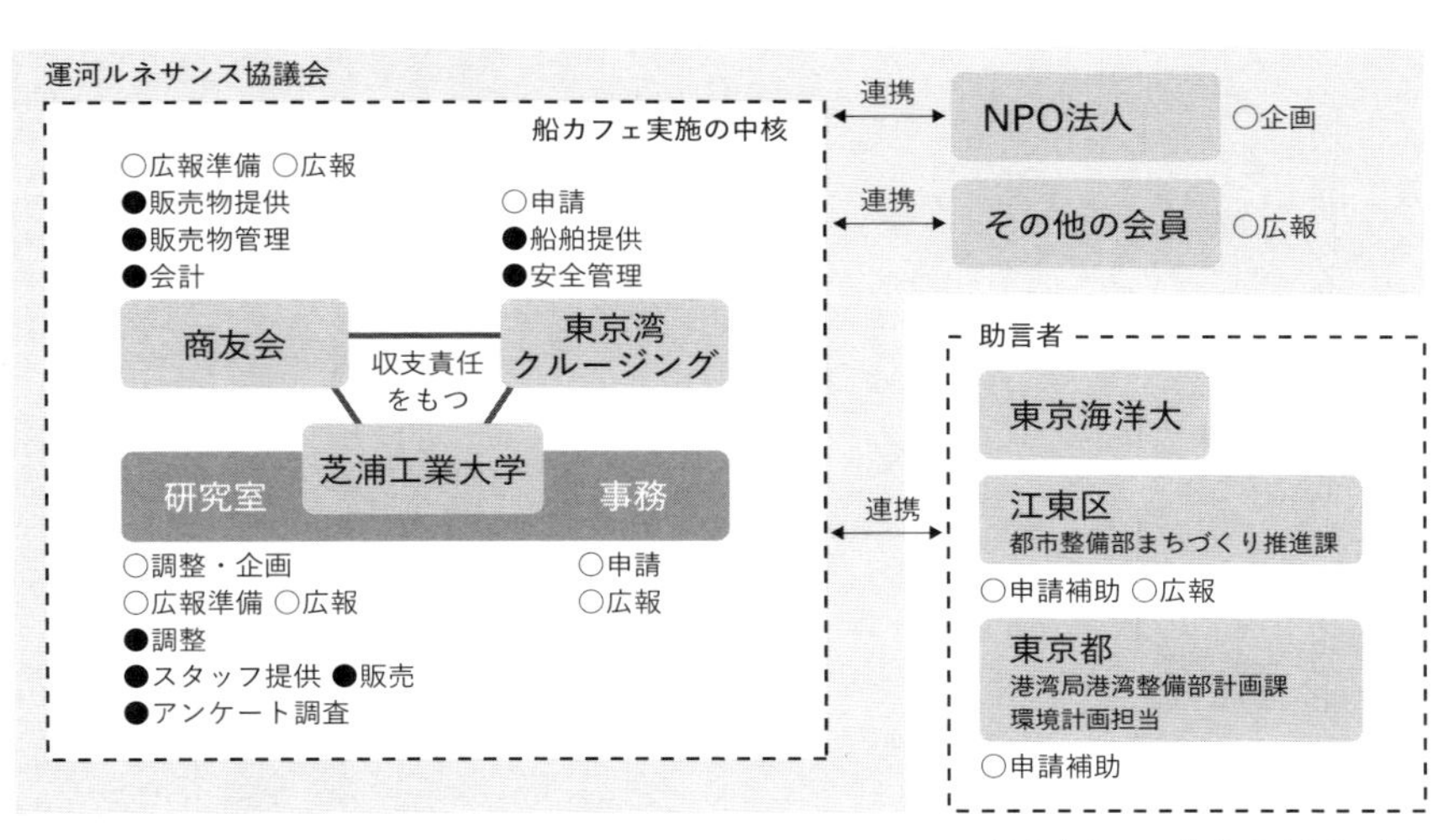

図10 「船カフェ」の実施体制

成した。[7]

2016年からは、同大学建築学科地域デザイン研究室と機械機能工学科知能機械システム研究室が連携して、運河クルーズ・ロボットガイドの開発を始めている。これはロボットがクルーズ船に乗り込み、クルーズの見所をガイドするものである。クルーズガイドは学生が行っているが、学生が授業や研究活動で多忙な時にロボットが学生に代わってガイドすること、また今後はガイドも多言語化が必要になることが予想され、多言語を話すロボットに学生を補助してもらうことなどが開発目的である。ロボットにはGPSが内蔵されており、船がガイドポイントに差し掛かると、ロボットが見所をガイドするという仕組みになっている。またロボットは人が近づくと挨拶をするといったように、乗船者とコミュニケーションをとる。このコミュニケーション機能があることで、実験ではロボットガイドは子どもたちを中心に大人気だった。クルーズが盛んになると予想されている2020年東京オリンピック・パラリンピック大会までにロボットガイドの実用化を目指している。

活動範囲の拡大

豊洲地区運河ルネサンス協議会は、2010年から豊洲運河船着場を中心として活動してきたが、2017年度からは豊洲5丁目にある通称「東電堀」[8]を中心に活動している。東電堀は、閉水域という行き止まり運河なので、通過船舶が入って来ない。そこでカヌーといった手漕ぎボートやアクセスディンギーといったヨットのマリンスポーツを楽しむには好条件である。また、浮き栈橋タイプの船着場と水陸両用バスのスロープ、水辺遊歩道が整備され、隣接して豊洲6丁目公園があり、通称「ぐるり公園」と呼ばれる公園の一部にもなっている。現在、公園は江東区が管理しているが、将来的には民間からの指定管理者を募集することになっており、この指定管理者とも連携しながら、様々な活動を展開するだろう。2015年から毎年開催されている「KOTO水彩都市づくりフォーラム」[9]は、東電堀における様々な主体と活動を連携させる役割を担っている。

隅田川流域と日本橋川流域での水辺公共空間の活用[10]

隅田川流域や日本橋川流域でも、水辺公共空間の活用を目指すまちづくり協議会と同じような組織が設立されている。まずは運河ルネサンス協議会を参考にして、「隅田川ルネサンス推進協議会」が2011年から始まった。これは隅田川を所管する東京都建設局と関係する特別区（中央区、江東区、台東区、墨田区）の関係者が中心となるもので、地区を単位とするものではない。地区ごとの取り組みは、民間事業者が水辺公共空間の活用に乗り出すことで始まった。

一方で、水辺公共空間の活用に関する制度の整備が行われた。河川法において、河川敷地の占用の許可に係わる基準などを定め、地域の意向を踏まえつつ適正な河川管理を推進することを目的とする「河川敷地占用許可準則」である。1964年に河川法が制定された当初は、治水と利水の観点から、河川敷地の占用主体は公的機関に限られていた。河川法は2004年に一部改正され「河川敷地占用許可準則の特例措置」が設けられたことで、民間事業者によるオープンカフェやイベントなどの営業活動が、国土交通省河川局長が指定した都市・地域再生等利用区域における社会実験として実施可能になった。2011年には特例措置が一般化されたことにより、事業実施はより広い範囲で行われるようになった。２０１６年には占用期間が3年から10年に延長された。一連の規制緩和の特徴は、民間事業者による河川敷地の占用を認めた点であるが、代わりに協議会などを設立して、地域の合意形成を図ることを義務づけている。[11]

民間事業者による水辺公有地の活用と体制

２０１７年時点で、隅田川と日本橋川の河川区域においては、隅田公園地区、日本橋地区、蔵前地区の3つの地区で、民間事業者による水辺公有地の活用が行われている（表4）。

隅田公園地区には、台東区の隅田公園の一角で2つの店舗があり、合わせて「隅田公園オープンカフェ」と呼ばれている。民間事業者が２０１３年に河川敷地占用許可準則を活用して新規に店舗建物を整備した。また、隅田公園の一部が、都市・地域再生等利用区域に指定された。整備にあたって、隅田公園オープ

蔵前 A	蔵前 B
台東区駒形	
民間事業者	民間事業者
飲食店	
2015 年 11 月	2016 年 7 月
社会実験（準則への移行が前提）	
2016 年 7 月（社会実験期間中）	2016 年 7 月（社会実験期間中）
川床	
既存のテラスを拡張	新設
2016 年 7 月	
管理用地	
隅田川 “ かわてらす ” 社会実験（現在）	
なし	
なし	
―	
2 級地（年額 8,613 円 /㎡）	
―	

ンカフェ協議会を設立している。

日本橋地区には、日本橋のたもとで1つの店舗があり、民間事業者が2016年に河川敷地占用許可準則を活用して、既存のテラスを拡張して川床を整備した。都市・地域再生等利用区域は、同店舗の川床部分のみ指定されている。整備にあたって協議会は設立されていないが、既存の地域組織である日本橋ルネサンス協議会と連携している。当初、この川床の整備・利用は社会実験に位置づけられていた。

蔵前地区には、隅田川沿いに2つの店舗がある。これは民間事業者が、2016年7月から社会実験として一時占用が認められて川床を整備した。都市・地域再生等利用区域は、社会実験中であるため指定されていない。また、整備にあたって協議会は設立されていない

区域		河川区域		
名称		隅田公園オープンカフェ		日本橋 A
		隅田公園 A	隅田公園 B	
場所		台東区花川戸		中央区日本橋
隣接する河川・運河		隅田川（河川管理者：東京都建設局）		日本橋川（河川管理者：中央区）
写真				
店舗	事業者	民間事業者	民間事業者	民間事業者
	用途	飲食店		飲食店
	オープン	2013 年 10 月		2013 年 5 月
制度	制度名	河川敷地占有許可準則	河川敷地占有許可準則	河川敷地占有許可準則
	指定年	2012 年 12 月		2016 年 3 月
	区域指定	都市・地域再生等利用区域（隅田公園の一部）		都市・地域再生等利用区域（川床）
設置物	設置物のタイプ	店舗		川床
	新設か拡張か	新設		既存のテラスを拡張
	竣工年度	2013 年 10 月		2014 年 3 月
	設置場所	遊歩道内		管理用地
協議会	社会実験の有無	オープンカフェモデル事業（2011 年 3 月 4 ～ 29 日）		日本橋川“かわてらす”社会実験（2014 年 3 月～ 2016 年 2 月）
	協議会の有無	隅田公園オープンカフェ協議会・連絡会（事務局：台東区）		なし
	既存の地域組織	なし		日本橋ルネサンス協議会など
コスト	土地代	有り		―
	占有料（年額）	2 級地（年額 8,613 円 /㎡）		1 級地（年額 27,624 円 /㎡）
	その他	地域還元費		―

表4　水辺公有地を占用し活用している事例

が、民間事業者が近隣の住民や企業との利用調整を行った。

水辺公有地占用の運営体制（図11）

隅田公園地区

台東区は、東京都建設局と地域住民、地域組織と共に、隅田公園オープンカフェ協議会を設立し、オープンカフェについての検討や民間事業者の審査などを行い、地域の合意形成の場としている。事務局は台東区観光課が担当している。また下部組織である隅田公園オープンカフェ運営連絡会は、民間事業者と協定を締結し、イベントの企画や周辺環境の改善を提案している。民間事業者は、隅田公園オープンカフェ運営連絡会に地域貢献費として売上の一部を収める。また、河川管理者である東京都建設局には河川敷地占用許可準則の許可を、台東区には建築確認などの各種申請を行い許可を得ている。

特徴は、自治体が主導して協議会及び連絡会を設立し、民間事業者と協定を締結することで、体制ができている点と、オープンカフェによる利益を地域貢献費として、まちづくりに使用する点である。「行政主導協議会型」といえる。

日本橋地区

社会実験開始時に、民間事業者と東京都建設局、中央区が協定を締結した。また民間事業者は、複数の地域組織に対して個別に調整を行い地域の合意を得た。社会実験後、民間事業者は、引き続き複数の地域組織と調整を行い地域の合意を得ている。また、河川管理者である中央区に河川敷地占用許可準則の申請を行い、同区に確認申請や営業許可などの各種申請も行い許可を得ている。

特徴は、まず社会実験という段階を踏み、民間事業者が主導して既存の地域組織と調整を行い、地域の合意形成を図った点である。「民間主導地域組織型」といえる。

蔵前地区

同地区で商業ビルを管理・運営してきた民間事業者は、それまで培ってきたつながりを活かして近隣の住民や企業に対して個別に調整を行い合意を得た。また、社会実験の実施主体である東京都建設局に社会実験の応募と申請をするほか、同様に河川管理者である建設局に河川敷地

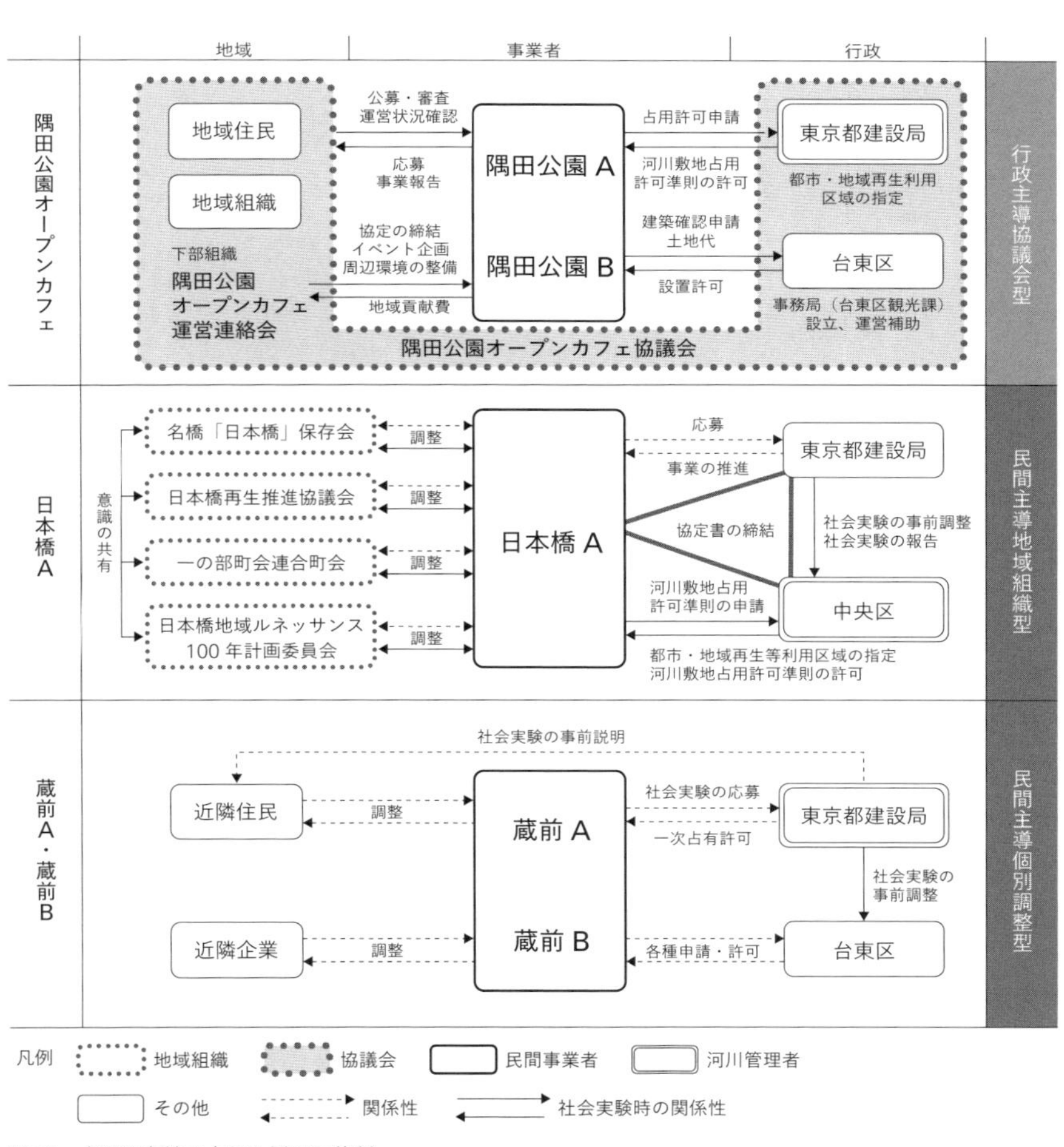

図11　水辺公有地の占用と活用の体制

の一時占用許可を得ている。台東区に消防法や営業許可などの各種申請を行い、許可を得ている。民間事業者が主導して地域と個別に調整をしているが、まだ社会実験中である。「民間主導個別調整型」といえる。

水辺公有地の活用と協議会

２０１７年には、江東区清澄白河地区に、公共空間利用と店舗利用を合わせた川床が整備され「かわてらす」として運用されている（図12）。ここでも、民間事業者が主導して地域と個別に調整を行い合意を得ている点が特徴である。しかし社会実験中であるため、その運営体制については見守る必要がある。

隅田川流域と日本橋川流域でも、水辺公共空間の利用を促進するために地区協議会を設立するケースがあるが、東京湾岸地域と異なる点は、オープンカフェや川床の整備などが中心となるため、必ずしも地域団体が主体的に連携して組織する協議会とはなっていない。水辺公共空間の利用が進むにつれて、地域団体が主導する協議会が登場していくだろう。

図12 「かわてらす」（江東区清澄白河）

CHAPTER

7

地域情報紙と情報発信

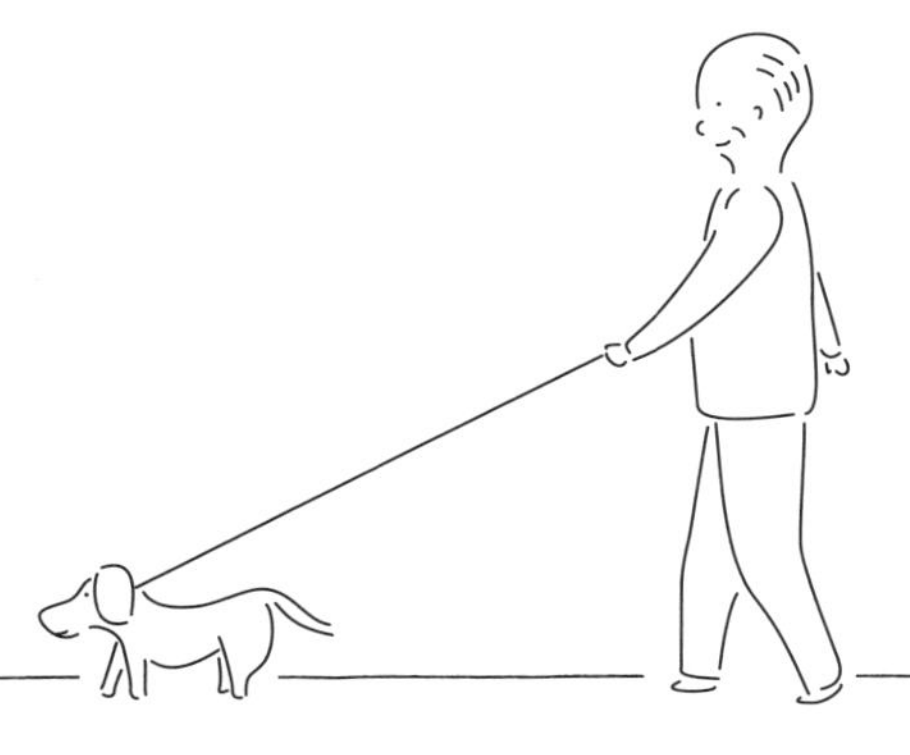

地域づくり学の一つとして、地域情報紙の発行による情報発信という方法がある。

筆者は、2016年12月から東京湾岸地域の地域情報紙「りんかいBreeze」と「Brisa」にコラム「ぐるっと湾岸　再発見」を毎月執筆している。[1] 両紙とも、新聞による地域情報が少ないので、新聞折込として地域情報を提供しようと始まった。新しく移り住んできた人たちに、土地の歴史や文化、誇り、日常に欠かせない情報などを、さわやかな風のように届けようと2005年1月から毎月発行されている。地域限定の情報紙といっても、発行部数が両誌合計で1万5000部あるので、地域への情報発信力は高い。

基本的にコラムは、現在の風景や地物を手がかりに歴史や文化、価値を読み解くという内容にしている。本章では、まずは東京湾岸地域の中心的になりつつある江東区豊洲に関するもの、それから豊洲以外の東京湾岸地域全体に関するコラムを紹介したい。

東京湾岸地域の地域情報紙「りんかいBreeze」と「Brisa」

豊洲 壱

2017年1月

晴海・豊洲・東雲・有明に、日本万国博覧会の計画があった

隅田川河口近くまで大型船が入って来られるようにと、海底からすくい取った土砂を使って東京湾岸地域の埋立地ができていきました。中央区の晴海が一九三一（昭和六）年に、その後二年間の間に江東区の豊洲と東雲の埋め立てが完成し、三兄弟のような三つの埋立地が相次いで誕生しました。このように急ピッチで埋立地がつくられるようになったのは、ポンプを使って、海底の土砂を海水とともに吸い取って土地を埋め立てていく技術が導入されたからです。そして、これら新しい土地の利用計画として持ち上がったのが、日本万国博覧会の開催計画でした。一九四〇（昭和一五）年の開催予定で、なんと東京オリンピックもこの年に開催される予定でした。

万国博覧会の当初の計画では、晴海・豊洲・東雲に加えて、当時まだ埋め立て中だった有明までも会場にするという大規模なものでした。それは、国内の文化を発信する日本展示ゾーンと、外国の文化が紹介される海外展示ゾーンも必要だったからです。また、万国博覧会の展示施設を整備することで、東京湾岸地域の都市化を加速して、東京を一気に近代都市に変えようという壮大な意図が背景にありました。

広大な会場内の交通手段として、晴海と有明を結ぶ「スカイライド」というロープウエイを建設しようという計画も一時期ありました。二〇二〇年東京オリンピック・パラリンピックに向けて、江東湾岸地域をロープウエイで結ぼうという提案が江東区から出されています。歴史は繰り返されるものですね。

このように魅力的な万国博覧会の計画でしたが、一九三七（昭和一二）年に日中戦争が勃発したことで、建設資材の不足と日本の国際社会からの孤立が進み、東京オリンピック計画と共に中止となってしまいました。結局、東京の近代化を下支えする工場や国際港として、埋立地は使われることになりました。[2]

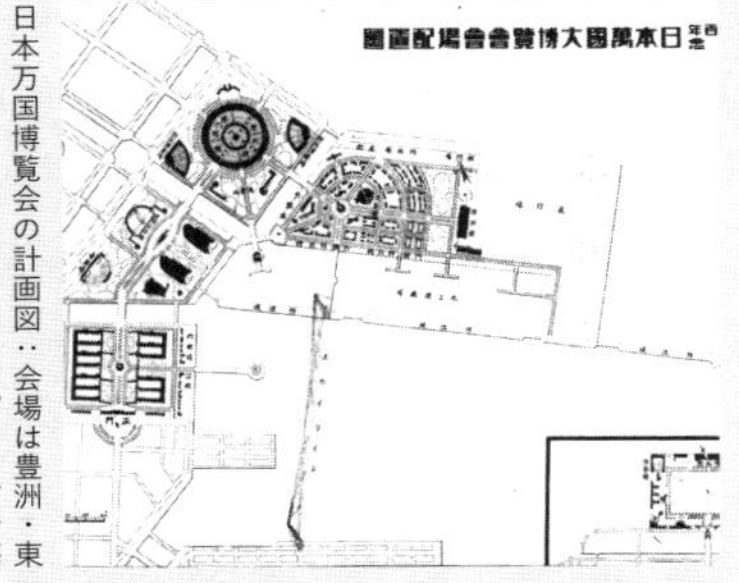

日本万国博覧会の計画図：会場は豊洲・東雲・有明にまたがっています。また、晴海と有明が「スカイライド」で結ばれています。出典：『近代日本博覧会資料集成―紀元二千六百年記念日本万国博覧会』国書刊行会、二〇一五年

豊洲のまちの始まり 東京石川島造船所

日本万国博覧会計画が中止となったことで、中央区晴海、江東区豊洲・東雲といった埋立地は、工場や港として使われることになり、現在の豊洲二・三丁目には、東京石川島造船所第二工場と第三工場が建設され、一九三九（昭和一四）年に操業を始めました。戦争が拡大しようとしていた時期であり、船舶の需要が多かったからです。豊洲二丁目の現在、複合商業施設「ららぽーと豊洲」があるところには、船を建造・修理するドックがいくつもありました。豊洲北小学校や芝浦工業大学がある豊洲三丁目では、船舶用機関などが製造・修理されていました。東京石川島造船所は、中央区佃二丁目付近が発祥の地の一つで、日本初の水戸藩がつくった洋式造船所を引き継いだものでした。これら造船所の総面積は約二〇ヘクタールと広大で、東京ではもちろん最大、日本国内でも有数の造船所で、「原子力船むつ」などの新鋭艦が建造されました。造船所以外にも、現在のビバホームのあたりには、巴組鐵工所がありました。船の建造には、大量の鉄鋼が必要だったからです。

東京石川島造船所は、二〇〇七年にＩＨＩとなり、その本社が豊洲三丁目にあります。この本社ビル一階のi-museには、豊洲にあった造船所などについて分かりやすく展示されているので必見です。

造船所は二〇〇二年に閉鎖され、その後再開発されて現在の豊洲のまちになりました。再開発の前まで、豊洲二丁目にはいくつものドックが残っていました。その内の一つが3分の1ほど埋め立てられて「ららぽーと豊洲」の船着場として残っています。豊洲と晴海の間に架かる春海橋からこの船着場入口周りを注意してみると、護岸がノコギリ状に凸凹していることに気づきます。ここに造船所のドックがいくつも連なっていた名残です。クレーンのモニュメントもあるので、かつての造船所の様子を思い起こさせてくれます。[3]

一九五八年の豊洲二・三丁目付近の住宅地図：この時代には、ドックが5つあった(図左側)。中央左上から右下に通っているのが晴海通り、下から右に通っているのが三ツ目通り(『東京都全住宅案内図帳 江東区南部』1958、東京住宅協会)

2017年3月

豊洲 参

東京港旧防波堤

江東区有明北と豊洲埠頭（六丁目）に挟まれた東雲運河に、樹木で覆われた細長い島があります。これは、一九四一（昭和一六）年に開港した東京港の防波堤として築かれたものです。東京港の埠頭は日の出（港区海岸二丁目）、晴海、豊洲などにありましたが、当時はまだ、臨海副都心の埋立地がなかったので、波浪を避けて静穏な内港を保つために、東雲から台場にかけて防波堤を築く必要があったのです。現在は、防波堤としての役目はなくなったので、「旧防波堤」などと呼ばれています。東京港は、開港したのですが、すぐに太平洋戦争が勃発したためにほとんど使用されず、その機能が発揮されるのは戦後まで待たなければなりませんでした。

旧防波堤が、うっそうとした樹木に覆われているのは、戦後に植林されたからです。最も数が多いのはトウネズミモチという外来種で、潮風や公害に強いということで、高度経済成長期に湾岸部の埋立地で多く植林されました。他にもムクノキやクロマツ、ケヤキが数本ありますが、自生したものと考えられます。これらの樹木群は、野鳥の格好のすみかとなっており、サギなどが営巣しています。この近辺では他にも、カワウやウミウ、カモメやカモといった水鳥を多く目にすることができます。実際に、第三台場の先にある旧防波堤の一部は、「鳥の島」と呼ばれており、時々観察ツアーが行われています。

また旧防波堤周辺の水域には、魚も多く生息しており、ボラやハゼなどを目にすることができます。

この旧防波堤は、土木学会によって「日本の近代土木遺産」に指定されているとおり、東京湾岸地域の歴史を物語っています。しかし残念なことに、埋め立て工事などによって、その一部が失われてしまっています。私はこの旧防波堤をしっかり保存すべきだと思っています。皆様がそう思ってくれるか分かりませんが、ここを気に入っている水鳥や魚は、自分たちの住み処が確保されるので、きっと喜んでくれると思います。

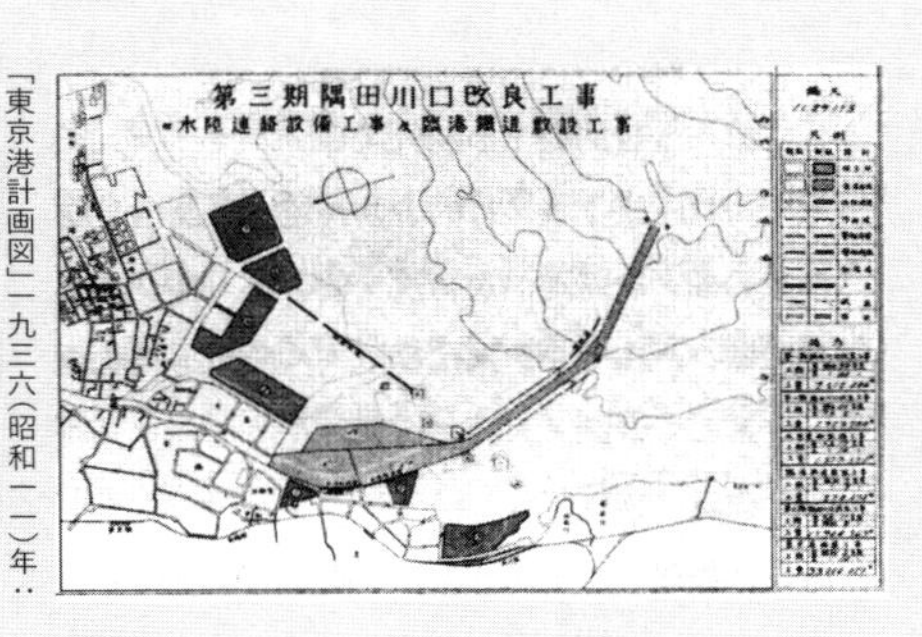

「東京港計画図」一九三六（昭和一一）年：防波堤が、東雲から南西方向に真っ直ぐに延びています（出典：東京都港湾局、（社）東京都港湾振興会編『東京港通史 第一巻通史』東京都港湾局）

豊洲のまちと深川薬師

東京湾岸地域の江東エリアで最初にまちができたのは豊洲です。豊洲四丁目を中心として、戦後一九四八（昭和二三）年から戦災復興住宅が建てられていきました。東京は、空襲で多くの家屋を焼失しました。家を失った人々のために建てられたのが戦災復興住宅で、木造平屋の簡素な建物だったので「庶民住宅」とも呼ばれました。この戦災復興住宅の名残が、都営住宅豊洲四丁目アパートです。

この都営住宅の敷地の一角に、二〇一六年春頃まで「深川薬師さま」が祀られていました。薬師さまとは薬師如来のことで、病気を治し、苦しみを取り除いてくれるとして、広く人々の信仰を集めています。地区の町会長の話によると、この薬師さまは、都営住宅に住んでいた方が一九七〇年頃に交通事故に遭い、このような事故が二度と起こらないようにと、事故に遭った方の親族がお祀りしたようです。薬師さまの祠は、やはり都営住宅に住んでいた大工さんが建てたものだそうです。木造トタン張りの簡素なもので、かつての戦災復興住宅を想起させるものでした。他にも、この薬師さまの由来として、「昔、豊洲近海で漁師の網にかかり、有難いことだということで、ここに祀られるようになった」という面白い逸話もありました。

深川薬師さまは、豊洲小学校の方を向いて、子どもたちが元気に育つようにと長い間見守ってきましたが、お世話をしていた方々が亡くなったり、また豊洲を離れることになったということで、二〇一六年に始まった都営住宅の建て替えをきっかけに撤去されました。

昔からまちには、必ずといってよいほど民間信仰があり、伝説として人々の身近にいくつも伝えられ生活の一部となっていました。民俗学者・柳田國男は、「子どもが聞き手となることで、面白い伝説が伝えられていた」（柳田國男『日本の伝説』新潮文庫、一九七七年）といっています。現在、子どもが多くなった湾岸地域ですから、民間信仰や伝説が、途絶えることなく語り継がれることを祈っています。

豊洲四丁目にあった深川薬師さま。赤いよだれかけは、子どもたちを守るという印です。お地蔵様のような存在でした

豊洲 肆

2017年4月

2017年5月

豊洲 伍

豊洲の路地

東京湾岸地域のまちは、大きな商業施設やオフィスビル、タワーマンションが建つような大きな敷地と広い道路から成り立っていますが、自動車が通れないような狭い路地が、ただ一つだけ豊洲四丁目にあります。地下鉄豊洲駅がある豊洲交差点付近で、都営豊洲四丁目アパートの方から晴海通りと三ツ目通りへそれぞれ抜けることができるY字型の路地がそうです。

豊洲には、戦後、戦災復興住宅の建設によってまちができていきましたが、人々が生活していくためには住宅だけではなく、日用品を購入するための商店も必要でした。そこで、幹線道路である晴海通りと三ツ目通り沿いの敷地には、商店が誘致されることになりました。地主であった東京都から五〇坪単位で商業者に土地が売却されていき、現在のように商店が建ち並ぶようになったのです。豊洲には、造船所といった工場で働く人々もたくさんいましたから、次々と開店していった商店は、多くの客で賑わったそうです。

さて、二つの幹線道路が交わる豊洲四丁目の角は、特に多くの人々が行き交い、商店には最も適した場所でした。そこで商業者数名が相談して、共同店舗ビル「豊洲デパート」を建設しようという話しが持ち上がりました。商業者らは共同で約四〇〇坪の土地を購入したのですが、結局、店舗ビルを建設するまでの資金は集まらず、購入した土地は切り売りされて角地に九〇坪の土地が残りました。結局、この九〇坪の土地に共同店舗ビルを建てることになったのですが、都営アパートからの来客が多いということで、土地が少しずつ提供されて、都営アパートの方から晴海通りと三ツ目通りへ抜けることができるY字型の珍しい形状の路地ができたのです。

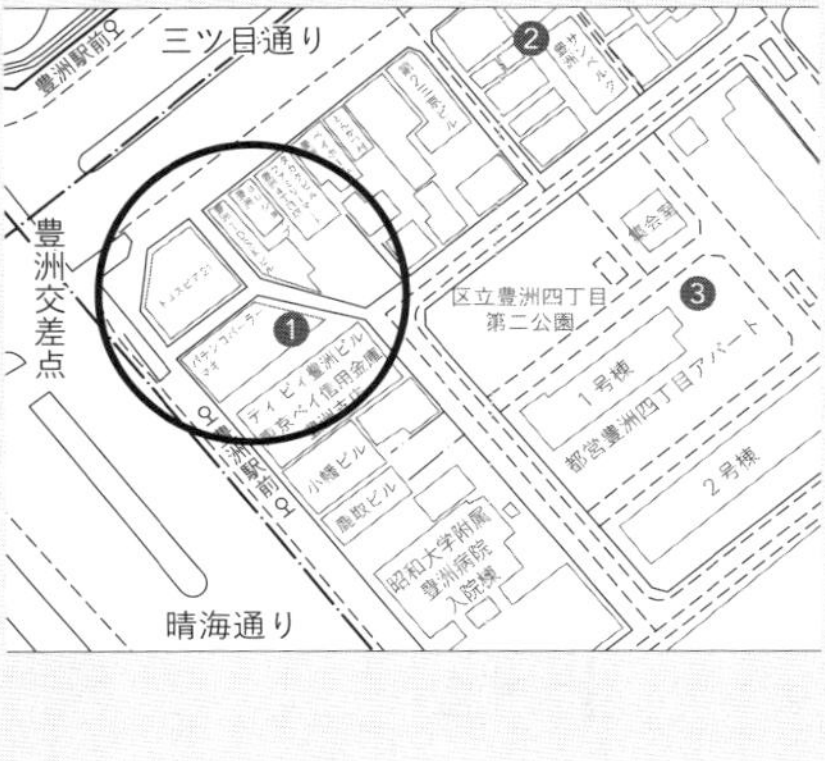

都営アパートから晴海通りと三ツ目通りに抜けられるY字型の路地(円内)。多くの人々が行き交う豊洲交差点にひっそりとあります

現在この路地は、鉄筋コンクリートの建物に囲まれ、また自転車も多く止まっていて殺風景なので、道行く人々は足早に通り過ぎてゆくだけです。しかし、豊洲のまちの成り立ちを物語る貴重な存在なのです。[6]

コンビニエンスストア一号店

戦後の江東区豊洲には、工場、住宅、商店に加えて、豊洲小学校と深川第五中学校が昭和二〇年代に相次いで開校し、人々が暮らすまちとしての機能が揃っていきました。日本の多くのまちと同じように、豊洲は戦後の復興と高度経済成長によって発展していきました。

その豊洲四丁目に、今では我々の生活に必要不可欠な、また世界的に有名になった小売業態であるコンビニエンスストアの国内一号店ができました。一九七四（昭和四九）年にオープンしたセブン-イレブンの一号店（現：セブン-イレブン豊洲店）です。この一号店は、元々酒屋さんでした。東京都による商店用地の払い下げは、豊洲四丁目の三ツ目通り沿いから始まったので、この酒屋さんは、豊洲では初期に開業したお店の一つで、造船所や港湾関係施設への配達、またすぐ近くに銭湯があったこともあり、商売は夜まで忙しかったそうです。しかし当時は、大型スーパーマーケットが出店しはじめた頃で、小売店の経営は徐々に厳しくなることが予想されていました。この酒屋さんは、講演会で米国のコンビニエンスストアチェーンが日本に進出すると知り、そのフランチャイズ店になろうと思い立ち、日本での提携会社に手紙を書いたそうです。その後運良く一号店になることができたのですが、日本では前例のない試みでしたから、開店までの研修や準備、また開店してからも商品の受け取りや陳列、販売システムにいたるまで苦労が多かったそうです。

現在のセブン-イレブン一号店は、鉄筋コンクリートの建物のなかに入っています。地下鉄有楽町線が豊洲まで延伸されることになり、周辺では大規模な再開発が次々と発表されていました。そこで鉄筋コンクリートの建物に建て替えることにして、一九九二年に完成しました。この時の建て替えと新装開店は、資金面などで大変だったそうです。フロンティア精神に富んだ豊洲人だからこそ、幾多の困難を乗り越え、コンビニエンスストアが日本に根づく礎になれたのだと思います。

セブン-イレブン豊洲店。この店舗が成功したからこそ、日本にコンビニエンスストアが広まったといえる

2017年6月

2017年7月

豊洲 漆

豊洲埠頭とビッグドラム

戦後、焼け野原となった東京を復興するためには、多くの人々が生活できるだけの電気、ガスの供給が必要不可欠でした。しかし進駐軍（GHQ）が、東京港のすべてを接収していたため、燃料となる石炭を船で運び込むことができませんでした。そこで新たに豊洲埠頭（江東区豊洲六丁目）を埋め立てていくことになったのです。豊洲五丁目沖から埋め立てられ、まず豊洲石炭埠頭が一九五〇（昭和二五）年に操業を開始し、その沖合に鉄鋼埠頭が、そして豊洲エネルギー基地と呼ばれる発電所とガス工場の用地が埋め立てられていきました。

東京電力新東京火力発電所は一九五五（昭和三〇）年に、翌年には東京瓦斯のガス工場が操業を開始しました。当時は送電ロスを小さくする技術がまだなかったので、遠地から東京まで電気を送ることができませんでした。そこで東京都心部に近いところで発電して電気を供給する局地火力発電所を建設する必要があったのです。同様にこのガス工場によって、東京都心部は安定して大量のガスの供給を受けられるようになりました。豊洲埠頭のお陰で、東京は戦後の復興を果たすことができたと言っても過言ではないでしょう。

新東京火力発電所とガス工場は、両方とも一九八〇年代に操業を停止しました。現在、新東京火力発電所があったところには、「ビッグドラム」という愛称をもつ「テプコ豊洲ビル」があります。地下四階地上一〇階の建物で、地下には新豊洲変電所が入っています。送電ロスを減らすために五〇万ボルトという高電圧によって、遠地にある発電所からここまで電気が運ばれてきます。この変電所は、その高電圧を二七万ボルト、六万ボルト、二万ボルトに下げて、東京都心部に送電しているのです。このような高電圧を受けて送電する地下変電所は、世界初の施設だそうです。変電所が入っている地下空間の大きさは両国国技館がすっぽり入るほど巨大です。建物が円筒形になっているのは、地下空間にかかる大きな土圧を均等に受け止めて、建物の構造を安定させるためです。

豊洲には、東京を支えている施設が今もあるのです。[8]

テプコ豊洲ビル（ビッグドラム）。地下に巨大な変電所が入っています。豊洲エネルギー基地の名残です

臨港鉄道と晴海橋梁

江東区の豊洲埠頭や中央区の晴海埠頭を中心とする東京港は、戦後になって本格的に稼働しはじめ、船から荷揚げされる大量の物資を陸送するための鉄道が敷設されました。それが、臨港鉄道東京都専用線です。一九五三（昭和二八）年に越中島貨物駅と豊洲埠頭を結ぶ深川線が、その四年後に深川線から分岐する晴海線が開通しました。豊洲埠頭は石炭や鉄鋼を、晴海埠頭は小麦や生鮮食料品関係を荷揚げしていました。一九六〇年代の最盛期には、両線の年間取扱量が一七〇万トンを超えていました。臨港鉄道も、日本・東京の復興と高度経済成長を支えていたのです。

しかし鉄道による陸送は、徐々にトラックに取って代わられ、一九八六（昭和六一）年に深川線が、その三年後には晴海線が廃線となりました。線路だけがしばらくは残っていましたが、二〇〇〇年頃から始まった再開発で撤去され、線路のレールだけが豊洲北小学校の脇などでモニュメントとなっています。

この臨港鉄道の記憶を生々しく伝えてくれるのが、江東区豊洲と中央区晴海との間の晴海運河に架かる晴海橋梁で、ここには晴海線が通っていました。管轄する東京都港湾局によると、保存するにしても撤去するにしても多額の費用がかかるということで、廃線後もずっと放置されています。赤く錆びついている鉄橋は、ランガー橋という鉄道橋でよく用いられている形式で、橋脚間の長さは約六〇メートルあります。鉄橋は錆びて、また線路には雑草が生い茂っているものの、橋桁の強度は十分だと思われます。そこで地元からは、遊歩道として利用できないかという案が出ています。使われなくなった鉄道橋が遊歩道となって生まれ変わった事例は、米国・ニューヨークのハイラインなどが有名で、国内でも横浜や神戸で見られます。大量の荷揚げ物資が流通する場所に代わって、多くの人々が暮らす地域となったわけですから、まちの記憶を伝えつづけ、人々が行き交う遊歩道として生まれ変わることを期待しましょう。[9]

晴海運河に残る晴海橋梁。日本・東京の復興と高度経済成長を支えた臨港鉄道の記憶を伝えている

東京湾岸地域　壱

2017年9月

夢の島

東京湾岸地域の埋立地の地名には、希望に満ちたものが多くあります。「豊洲：将来の発展を期す豊かな洲」、「東雲：明け方にたなびく雲」、「有明：夜が明けてくる頃」などがありますが、最も希望をストレートに表現した地名は「夢の島」でしょう。

江東区内では、一九二二（大正一一）年には現在の塩浜二丁目にあった洲崎飛行場が使用されていましたが、昭和に入って日本の航空界は急速に発展し、空港が建設されます。湾岸地域では一九三一（昭和六）年に羽田空港が民間飛行場として完成しました。しかし羽田空港も、都心から一八キロと遠く、周辺が重工業地帯になることが予想されていて飛行場の拡張性における限界などの課題がありました。さらに昭和一〇年代に入ると、中国大陸や南方への航空路が拡大し、また航空機の大型化、軍事的な見地からの要請もあり、広大な飛行場の必要性が高まっていました。

そこで白羽の矢が立ったのが夢の島となる地で、当時の城東区南砂町地先海面および深川区洲崎沖第七号地埋立地の東側海面を埋め立てて国際飛行場を建設することが一九三八（昭和一三）年に決定しました。

しかし戦局が悪化していき、ついには終戦を迎えたことで埋め立て工事は中止されました。後には、干潮時に海面から一～三メートル露出した土地だけが残ったのです。戦後の一時期、この埋立地は海水浴場として使われていました。当時のことを記憶している方によると、「海面から浮き出た、それは本当に夢のように美しい島」だったということです。またそこには遊園地をつくる計画もあったそうです。そこでいつしか人々から「夢の島」と呼ばれるようになり、この地が江東区に一九六九年に編入された時に、正式に町名「夢の島」となりました。

残念なことに、夢の島はその後ごみの埋め立て処分場となってしまい、美しい島は夢と消えてしまい現在に至っています。しかし、二〇二〇年にはオリンピック・パラリンピックの競技会場の地として夢の島も使用されます。人々に夢を見させてくれる島として復活することを願いたいものです。

中央の島が「夢の島」。人工島でありながら、美しい島だった。一九四七年航空写真（国土地理院）

有明小判騒動

基本的に埋立地は、すくいとった海底の土砂を用いてつくられますが、地下鉄工事や大規模な建築工事で排出される残土と呼ばれる大量の土砂を用いるようにもなりました。できた埋立地は一見同じようですが、実は都内各地から運ばれてきた様々な土砂が入り交じっているのです。そこで何ともロマンチックというかミステリアスな出来事がかつて起こりました。

第一回東京オリンピック・パラリンピックが開催された一九六四（昭和三九）年の三月、当時の有明海岸（現在の有明二丁目）で慶長小判が発見されて一大騒動になったのです。最初に小判を発見したのは、近くに住む中学生で、現在の有明テニスの森のあたりで、一三日に四枚、一四日に八枚、一五日に一枚、二三日に二枚の計一五枚を見つけて、深川警察署に届けました。日銀の鑑定で、一六〇一（慶長六）年に徳川家康の命令で鋳造・発行された一両小判「慶長小判」であることが判明しました。

小判発見のニュースを聞いて、たくさんの人々が有明に押し寄せました。その様子は、「潮干狩りのようなにぎわいぶり」だったそうです。四月一日には、川崎市に住む男性が一三枚の小判を発見し、七日までに他の八人が九枚、合計三七枚の慶長小判が発見されました。さながらゴールドラッシュですね。さて、発見された小判はどこから来たのか、様々な憶測がありましたが、結局、土砂がどこから運ばれてきたのか突き止められなかったため由来は特定できませんでした。そこで土地所有者である東京都と発見者が小判を折半することになりました。東京都は八枚を所有しており、青梅のフロンティアビル内にある「TOKYOミナトリエ」で時折公開します。

二〇二〇年の第二回東京オリンピック・パラリンピックでは、有明テニスの森、有明アリーナ、有明体操競技場、有明BMXコースが整備されて、有明の地で多くの競技が開催されます。今度は有明が、日本のゴールドメダルラッシュで沸くことを期待したいものです。[11]

小判発見のニュースに沸いて、有明海岸はさながらゴールドラッシュのようだった（『江東区史』より）

2017年11月

東京湾岸地域 参

オリンピック・ブリッジたち

二〇二〇年に開催される第二回東京オリンピック・パラリンピック大会まで、あと約一〇〇〇日を切り、少しずつ気運が高まってきていると思います。

第一回東京オリンピック・パラリンピック大会は一九六四年に開催されました。さらにさかのぼって、幻に終わった東京オリンピックの開催計画が一九四〇（昭和一五）年にありました。一九三六（昭和一一）年の国際オリンピック委員会で行われた投票の結果、東京での開催が決まったのですが、日中戦争が勃発したことで一九三八（昭和一三）年に開催権を放棄することになり、東京での開催は幻となったのです。このコラムのNo.2で書きましたが、同年に江東湾岸地域で開催される予定だった日本万国博覧会も、同じ理由で中止となりました。

さて、幻となった一九四〇年の東京オリンピック計画、一九六四年の第一回東京大会、そして来る二〇二〇年の第二回東京大会の計三回の東京オリンピックを想起させる三つの橋が東京湾岸地域の入口にあたる隅田川に架かっています。国の重要文化財である「かちどき橋」は、一九四〇年に完成しました。この橋は、万国博覧会会場の入口へと通じるメインルートとなる予定だったために、当時の最先端技術の粋を集めて中央部が開閉する跳開橋（ちょうかいきょう）という珍しいデザインとなりました。かちどき橋の一つ上流にある「佃大橋」は、第一回東京大会開催のための道路網整備の一環として、また江戸時代から続く「佃の渡し船」の代わりとして一九六四年に完成しました。かちどき橋の一つ下流にあるのが真新しい「築地大橋」です。すでに架橋工事は完了していますが、築地市場の移転が延期、また築地市場が再整備される方針となっているため、この橋を通る（通称）環状二号線の本格的な開通は二〇二〇年頃となるでしょう。

二〇二〇年の第二回東京大会は、多くの競技会場が立地する東京湾岸地域を中心に開催されると言っても過言ではありません。その東京湾岸地域の入口に、これら3つのオリンピック・ブリッジたちが並んでいるのは、歴史の因縁でしょうか。[12]

手前の欄干が佃大橋。その向こうがかちどき橋、その向こうのアーチが築地大橋。オリンピック・ブリッジが並ぶ

品川台場と東京湾の地形

幕末に築かれた沿岸砲台・品川台場は、現在も第三台場と第六台場の二つが残っており、開国の歴史を伝えるものとして国の史跡に指定されています。米国・ペリー艦隊の再来に備えるために、一八五三年八月に設計が始まり、翌一八五四年一一月までに六基の海上台場と御殿山下台場の計七基が突貫工事の末に完成しました。

台場一基の大きさは一二〇〜一七〇メートル四方で、周囲は石垣が張り巡らされてなかなか立派です。さて、現代のような建設機材がなかった当時に、どうやって一年四カ月という短期間に完成させることができたのでしょうか。

東京湾最奥部は、隅田川といった河川が土砂を運んでくるため、遠浅の海となっていました。品川台場が築かれたあたりは、目黒川が運んでくる土砂もあったため、天王洲という地名があるとおり、陸地から海側に向かって出洲（です）が延びていたと伝えられています。このように、澪筋（みおすじ）という航路以外はかなり水深が浅く、干潮時には洲となるところもあったのです。台場の位置は、洲と澪筋を把握して水深が浅いところを前提として決められたのです。特に第一台場は、浅瀬を埋め立てて陸続きのようにして石や砂利、土といった資材を運んだとも伝えられています。

それにしても、海上での築造工事は大変だったようです。工事作業は、まず台場の中心部となるところ数カ所に、丸太で群列基礎杭を打ち込んで、杭の間には、石をはめ込ませて波で流されないような島をつくりました。それを起点として台場を形づくっていったようですが、現在も工事方法の詳細は不明です。

品川台場の痕跡は他にもいくつか残っています。品川区の台場小学校は御殿山下台場の跡に建てられたので、その敷地形状はかつての台場の名残をとどめており、その正門脇には。台場の石垣の石を使用したモニュメントが設置されています。また、中央区晴海埠頭公園には、撤去された台場の石が使用されています。[13]

陸続きになっているのが第三台場、孤島になっているのが第六台場。一九九二年航空写真（国土地理院）

2018年1月

東京湾岸地域 伍

水上派出所

船に乗って運河をめぐると、普段陸上で見ているものとは全く違うまちの表情に気づかされ、新たな発見があります。

豊洲運河、東雲運河、辰巳運河、東雲北運河、砂町運河という計五本の運河の交差路に面する江東区豊洲四丁目角に、鉄筋コンクリート二階建ての小さな建物があります。これは東京湾岸警察署豊洲運河水上派出所です。派出所から堤防を越えて階段で水際に下りたところには、警視庁の警備艇がよく停泊しています。水上派出所は、陸上の派出所とは違って警備艇の係留・待機場所なので、一般市民が立ち寄るところではありません。警備艇は、パトロールを定期的に行い運河の状態を監視して、水上から地域の安全を守っています。豊洲に隣接する枝川は、運河が樹木の枝のように分かれていることから付けられた地名で、このあたりは特に運河が多いのです。五本の運河を使って縦横無尽に地域を移動できるので、ここに派出所が設置されたようです。

水上派出所は、一八八三（明治一六）年に佃島（中央区佃一丁目）に水上警察署佃島派出所が設置されたのが最初のようです。佃島は、江戸湊の入口に位置し、昭和初期まで水上交通の中心でしたから、やはり派出所を設置するには打ってつけの場所でした。現在、東京湾岸警察署管内には、豊洲運河を含め、隅田川と神田川の角に「隅田川水上派出所」、中川と新川の角に「中川水上派出所」、芝浦地区への入口に「日の出ふ頭水上派出所」、海老取川沿いに「羽田水上派出所」の計5つの水上派出所があります。

かつて水上輸送が盛んだった頃には、水辺や水上にも人々の生活の場がありました。現在、陸上に道路網が整備されて、水上輸送はほとんどなくなりましたが、河川・運河は都市環境を良好にする役割をもち、また人々の憩いの場として大切な空間でありつづけています。水上派出所は、東京湾岸地域にとって重要な施設であり、かつ地域の象徴と言えるでしょう。[14]

豊洲運河水上派出所。東京湾岸警察署・警備艇の係留・待機場所で、水上から地域の安全を守る

環状二号線とBRT

江東区豊洲六丁目と中央区晴海を結ぶ豊洲大橋は、二〇一六年のうちにすでに完成しています。その豊洲大橋を通る環状二号線は、東京の交通事情を大幅に改善するものなので、その全面開通が待ち遠しいです。しかし豊洲新市場への移転が延期となり、環状二号線の全面開通も延期となっています。

同じく延期となっているのが、環状二号線を使って港区新橋・虎ノ門地区と豊洲・湾岸地域を結ぶことになるBRT（Bus Rapid Transit の略）というバス高速輸送システムです。これは、道路にバス専用レーンを設けることで渋滞による遅れを防ぎ、また二〜三両をつなぎ合わせたバスを運行させることで、大量の人員を一気に安定して運ぶことができる仕組みのことを指します。

BRTは、建設コストが低いため、発展途上国などで用いられています。有名なのが、ブラジルのクリチバ市です。何種類ものバスが、このシステムで運行されており、快適な公共交通網が形成されています。クリチバ市の成功によって、世界的にこのシステムの導入が進みました。日本では、東日本大震災後のJR気仙沼線・大船渡線の復旧で、一部にこのシステムが導入されています。環状二号線でのBRTでは、バス専用レーンは設けられないものの、燃料電池車が導入される予定になっており注目されています。

環状二号線を走るBRTの意義は、東京では、路面電車だった都電以来の久しぶりの地上を走る本格的な公共交通の導入だと思っています。地上の公共交通では、車窓の風景を楽しむことができ、かつ何か面白そうなものを見つけたら、すぐに下車することもできます。特に、この環状二号線BRTでは、東京港や隅田川、運河などの風景を楽しむことができるので、このBRTを使いながらまち歩きをする人々も増えるでしょう。

参考：京成バスが運行している連節バス。このようなバスが環状2号線にも走る

二〇二〇年の第二回東京オリンピック・パラリンピック大会までには、BRTも部分開通するはずです。二〇二〇年は何かと待ち遠しいですね。[15]

2018年2月

東京湾岸地域　漆

ＦＣＧビルと東京計画

東京湾岸地域でもっとも目立つデザインの建物は、港区お台場地区のフジテレビ本社が入るＦＣＧ（フジサンケイ・コミュニケーション・グループ）ビルと言えるでしょう。世界的にも有名な建築家・丹下健三の設計によるもので、一九九六年に完成しました。丹下は江東区有明地区に、やはり印象的なデザインのＴＦＴ（東京ファッションタウン）ビルも設計しました。

さて、丹下は「東京計画一九六〇」という、東京湾岸地域を中心とする都市イメージをかつて提案しました。この提案では、皇居を発端として千葉県木更津方向へと東京湾を横断する高速道路の都市軸がとても印象的です。東京のような求心型放射状システムは、都市構造を硬直化するということで、発展によっていくらでも延伸可能な線形平行射状システムに変革する必要があると提案しました。当時、美しい模型などで表現されたこの提案は、建築・都市分野だけではなく、広く社会へも衝撃を与えました。

丹下は、この提案は都市の発展のエネルギーを模式化したものだとし、東京湾を横断する高速道路の都市軸などが実際に実現するとは思っていなかったようですが、その後、東京湾の埋め立ては中央防波堤の先まで進んでおり、これは木更津方向にあたります。また、東京湾アクアラインは、都市軸にはなっていませんが、東京と木更津を結ぶ高速道路です。臨海副都心のセンタープロムナードとウエストプロムナードは、丹下の描いた都市軸に影響されたと言えるでしょう。また、中止となった「世界都市博」に関連していた「東京テレポート構想」は、国際化や金融、情報という都市が発展するための新たなエネルギーをコンセプトとしたものでした。

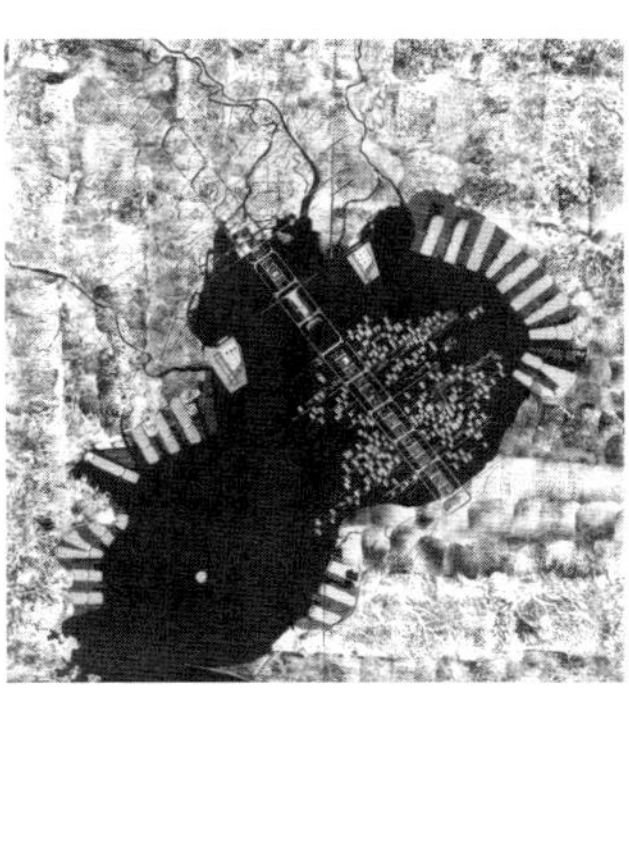

丹下健三による東京計画一九六〇の全体図。東京の発展のエネルギーを模式化したもの。『東京計画一九六〇 その構造改革の提案』丹下健三研究室、一九六一（写真・川澄明男）

湾岸地域の発展を予見していた丹下は、地域全体の設計は結局できませんでしたが、ＦＣＧビルやＴＦＴビルといった建築プロジェクトにおける空中回廊や大階段のデザインによって、開かれた情報発信拠点と新しい都市におけるコミュニケーション・スペースを実現したのです。[16]

芝浜 人情噺の舞台となったかつての海岸線

埋め立てが続く東京湾岸地域では、かつての海岸線を見つけるのが大変です。落語の人情噺「芝浜」（正確には「芝濱囃子」）は、その名のとおり港区芝の海岸線を舞台としてつくられた話です。芝四丁目の第一京浜道路とJR山手線などの高架鉄道に挟まれたところにある御穂鹿嶋神社の境内に「芝濱囃子の碑」があるので、舞台となった海岸線の位置がよく分かります。

「芝浜」のあらすじを紹介しますと、酒好きの魚屋の勝五郎がある朝、海岸で大金が入った財布を拾う。有頂天になり仲間を集めて大酒を飲み、翌日、二日酔いで目を覚ました勝五郎は、女房から大酒を飲んで支払いをどうするのかと怒られる。拾った財布の金で払うと言い返すが、女房は財布など知らない、金の欲しさのあまりに酔って夢でも見たのだろうという。なるほど財布は見つからず、そこで自分の堕落している様を反省して酒を断ち一生懸命働きだす。三年後、懸命に働いた結果、立派な店を構えることができ生活も安定するようになった。その大晦日の晩に、勝五郎は女房に感謝して頭を下げた。そこで女房は、実は三年前の財布を拾った話は本当だったと打ち明ける。事実を知った勝五郎は、だましていた女房を怒り責めるようなことは決してせず、自分を真人間へと立ち直らせてくれたと感謝する。そこで女房は懸命に頑張った夫をねぎらい、久しぶりに酒をすすめる。勝五郎はおずおずと酒を口元に運んだが、「よそう。また夢になるといけねえ」といって飲むのをやめた。

御穂鹿嶋神社の入り口がかつての砂浜で、「本芝公園」になっているところが、波打ち際でした。明治五（一八七二）年に開通した新橋・横浜間の日本初の鉄道路線は、この神社のすぐ脇にあった薩摩藩蔵屋敷が鉄道への敷地提供に応じなかったために、芝浜の海に築堤をつくり、そこに通されたのですが、それが現在もそのままJR山手線の高架となっています。昭和になって芝浦の埋め立てが進みましたが、JR高架下に水路があって、戦後までこの芝浜には船溜まりが残っていました。落語の人情噺と近代化の歴史の両方を思い起こさせるかつての海岸線です。[17]

芝濱囃子の碑と御穂鹿嶋神社。神社入り口の石段前は、海岸の浜辺だった

CHAPTER

地域づくり学と東京湾岸地域づくりの展開

地域づくりの方法を、東京湾岸地域での取り組みを通じて、「フィールド・ストリートからの解読」「記録・情報発信」「地域づくりの参画ネットワークの形成」の3つに整理してきたが、地域づくりにはこれら3つの柱を軸として様々な手段が考えられ、地域の状況に合わせて手段は無限にあるといってよい。これらの方法からもたらされる内発的な力と外発的な力が作用することで、圏域的な地域を越えて、ネットワーク・コミュニティが多元的に形成されていく。

本章では、まちづくり活動の連携と、連鎖する地域情報発信と東京湾岸地域の周辺へと展開するまちづくりについても紹介し、東京湾岸地域の未来と地域づくりについて解説し、地域づくり学を総括したい。

まちづくり活動の連携　江東内部河川・運河の活用[1]

運河だけではなく、小名木川や旧中川といった江東内部河川でも水辺の活用が進んでいる。1964年に制定された河川法は、治水重視の内容であったが、1997年には河川の生物多様性・環境の整備・保全を目的に改正された。それにより、河川沿いの緑地や遊歩道、親水公園が整備されるようになった。さらに2011年の河川敷地占用許可準則の改正により、河川管理区域での建物占有が認められるようになった。このような規制緩和の動きを受けて、市民や民間事業者からなる協議会といった組織が設立され、河川や運河、水辺の利用が進んでいる。

市民の河川・運河利用やイベント開催が、2000年後半から活発になっている。また、観光舟運は、河川の水質悪化や自治体間連携がうまくいかなかったことなどにより、事業の縮小や廃止という状況があったが、2010年頃から復活しはじめている。

江東内部河川とは、江東区から墨田区、江戸川区に広がる水路網であり、江戸時代から進められた陸地化にともなって造成された人工的な河川である。図1に示すとおり、江東区内には河川・運河の利用が多い拠点的な地区が、「小名木川クローバー橋周辺地区」「旧中川亀戸地区」「旧中川大島地区」「黒船橋周辺地区」「豊洲地区」の5つあるが、それらのなかで、2014年時点で恒常的な利用組織が複数あるのが、小名木川クローバー橋周辺地区、旧中川亀戸地区、旧中川大島地区の3地区であ

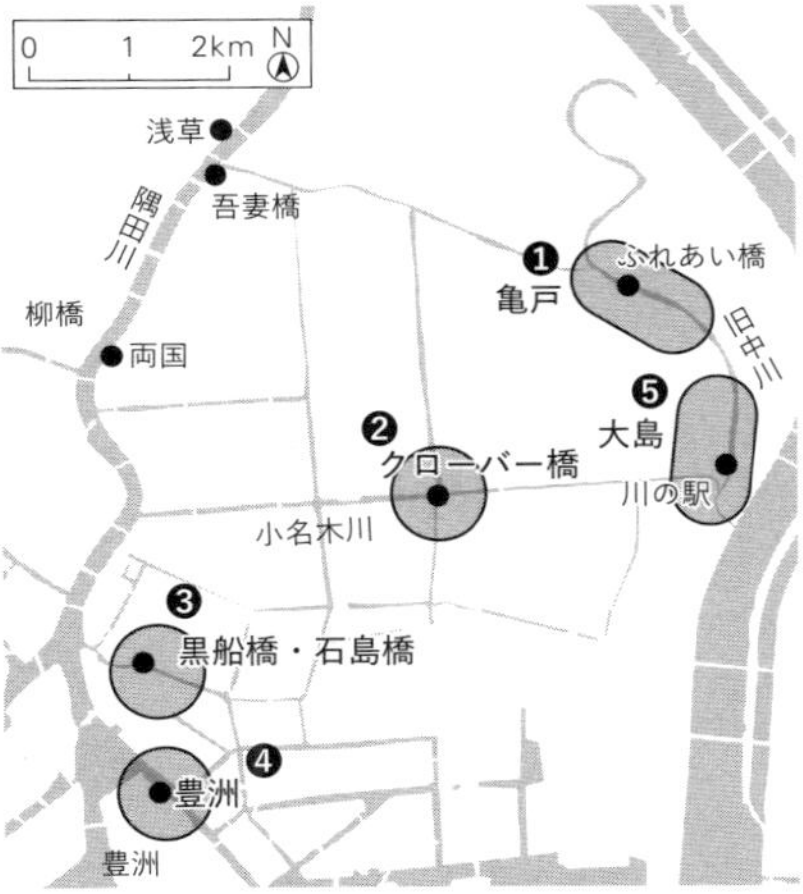

❶ 旧中川亀戸地区	
利用	旧中川灯籠流し 住民カヌー活動 旧中川アジサイ祭り
利用組織	旧中川灯籠流し実行委員会 亀戸カヌー万歩倶楽部 江東区立中学校カヌー部 旧中川アジサイクラブ

❷ 小名木川クローバー橋周辺地区	
利用	和船乗船体験 水彩フェスティバル
利用組織	和船友の会 江東区の水辺に親しむ会

❸ 黒船橋周辺地区	
利用	お江戸深川さくらまつり
利用組織	深川観光協会 江東区の水辺に親しむ会 和船友の会

❹ 豊洲地区	
利用	船カフェ社会実験 豊洲水彩まつり
利用組織	豊洲運河ルネサンス協議会

❺ 旧中川大島地区	
利用	水彩テラス、スカイダック 住民カヌー活動 リバーフェスタ 水彩フェスティバル
利用組織	大島カヌー散歩倶楽部 江東区立中学校カヌー部 日の丸サンズ株式会社 日の丸自動車工業㈱

図1　江東区内部河川地域の河川・運河利用地区

る。これら3地区において、公共事業による親水空間整備、利用組織と利用状況、利用の展開に着目して、変遷と実態を明らかにしていく。

小名木川クローバー橋周辺地区

親水空間整備

横十間川親水公園が1984年に、暗渠化ではなく親水公園化することになり、淡水池やボート場、水上アスレチック、そして小名木川沿いの河川並木と乗船場が1985年に整備された。その後、クローバー橋が1995年に架橋され、横十間川の遊歩道が2004年に、小名木川の遊歩道が2011年から整備された（図2）。

利用組織と利用状況

公営の江東区水上バスが1985年から運航していたが、1998年の民営化を経て、2002年に廃止されたために、江東区水上バスが使用していた乗船場は使用されなくなった。一方で「筏レース」が1995年頃から始まり、この乗船場を使用していたが、1998年に休止した。代わりにNPO法人「江東区の水辺に親しむ会」が筏レースを引き継ぎ、イベント「水彩フェスティバル」を2000年から開催している。「水彩フェスティバル」に第1回から参画している「和船友の会」は、1995年に行われた「木造和船造船技術保存事業」による和船櫓漕ぎ試乗会の参加者が発起人となり設立された。イベントなどで和船体験試乗会を実施していたが、1997年からは横十間川親水公園内の水面を使用して無料乗船体験会を毎週開催している。

利用の展開

江東区水上バスが廃止されてからも、整備された乗船場を使用して、市民・NPOが河川利用を継続している。NPOは2005年から黒船橋地区のイベント「お江戸深川さくらまつり」[2]の開催を支援し、2009年からは、豊洲地区運河ルネサンス協議会の会員となり、さらに2013年には旧中川大島地区の川の駅での活動を始めている。

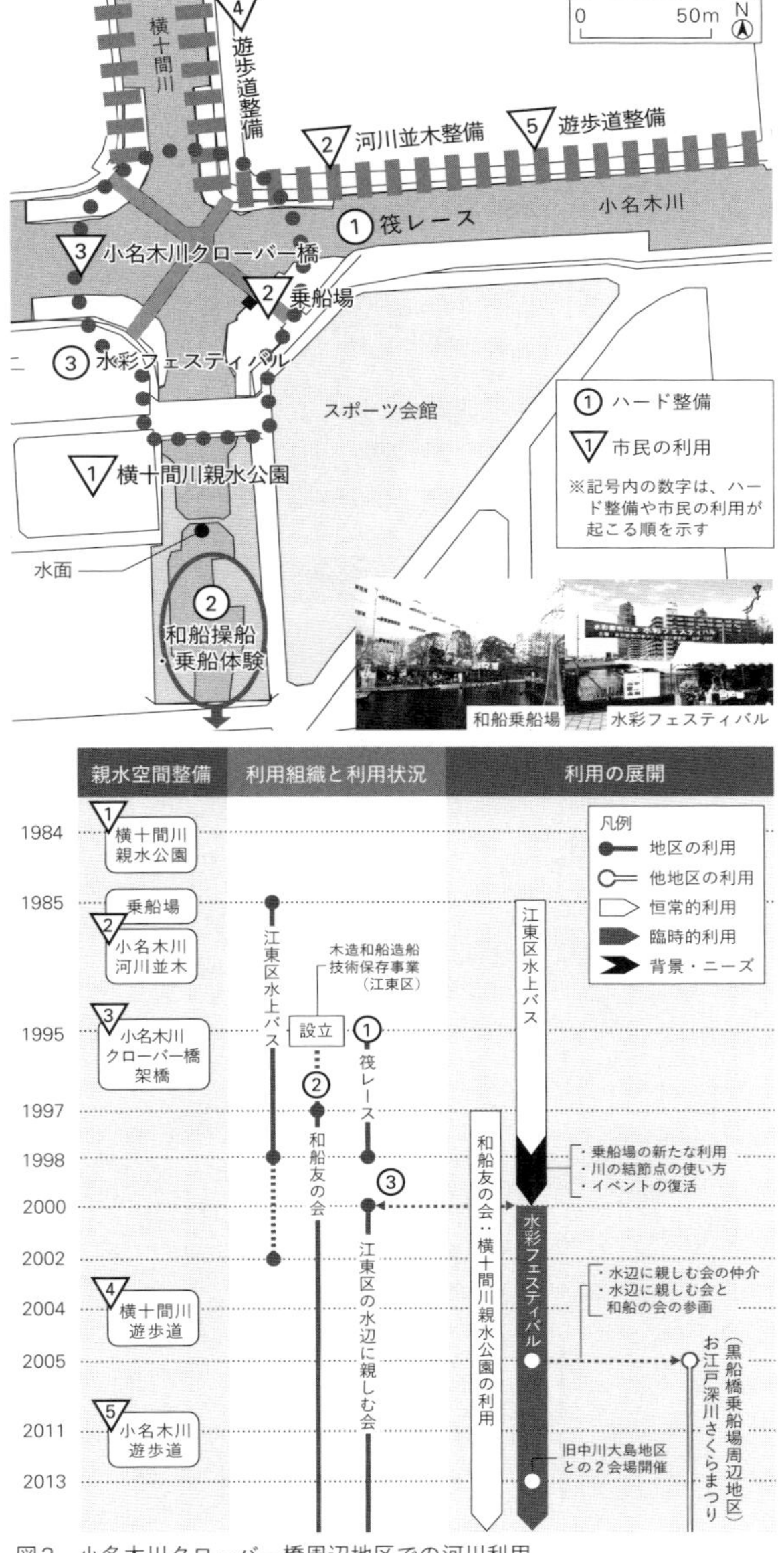

図2 小名木川クローバー橋周辺地区での河川利用

旧中川亀戸地区

親水空間整備

江東内部河川整備事業によって、旧中川では1971年から2011年にかけて水辺に近づくことのできる河川敷の緑地・親水空間が整備された。その一環としてふれあい橋が近隣の企業の協力のもとに

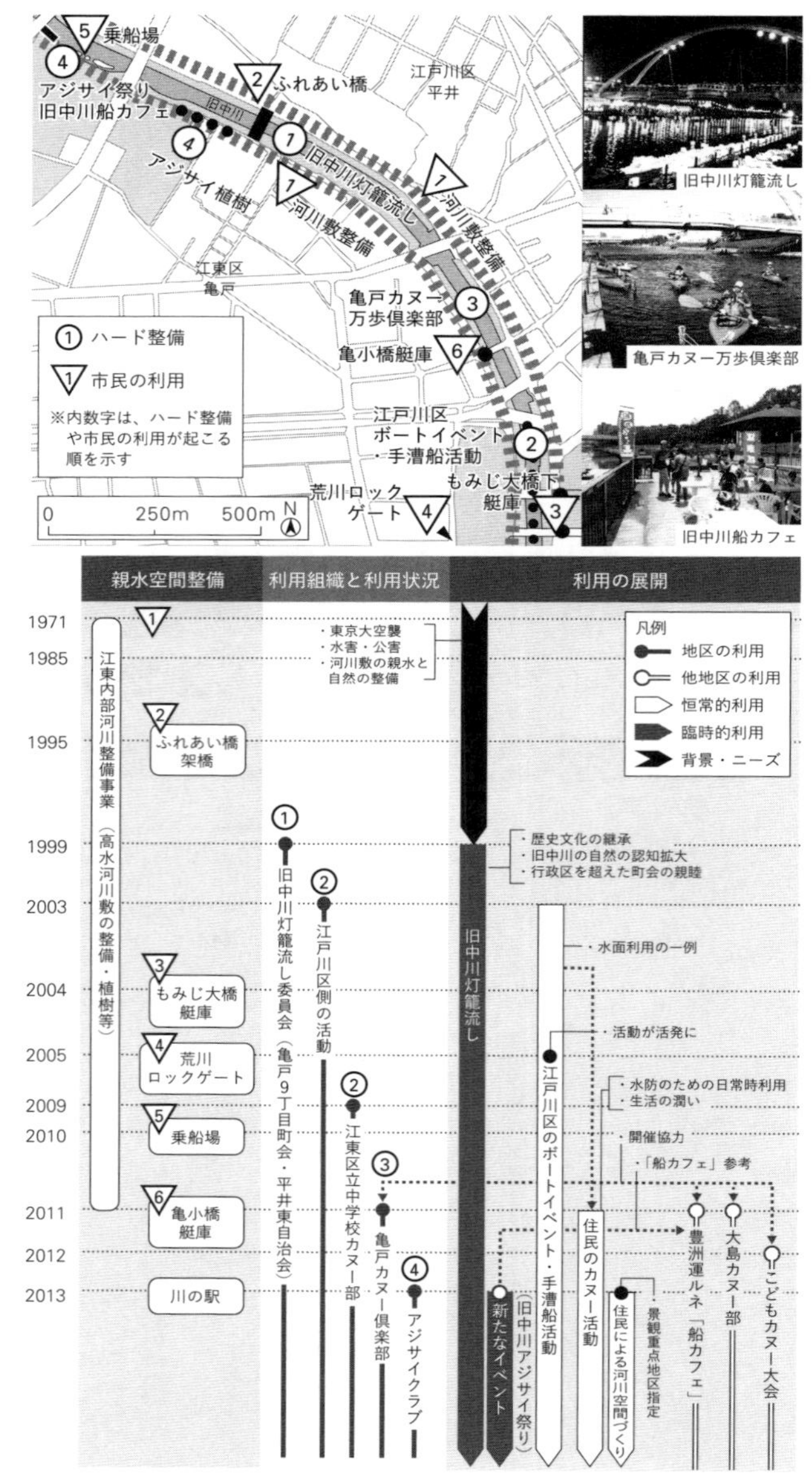

図3　旧中川亀戸地区での河川利用

1995年に架橋された。そのほか、もみじ大橋下艇庫が2004年に、荒川ロックゲートが2005年に、亀戸中央公園乗船場が2010年に、亀小橋下艇庫が2011年に整備された（図3）。

利用組織と利用状況

旧中川亀戸地区では、ふれあい橋の架橋を機に、江東区亀戸9丁目町会と江戸川区平井東自治会の交流が始まった。そして両区の町会・自治会によって地域の歴史を伝承しようとする「旧中川灯籠流し」が1999年から始まった。これにより、住民は旧中川に親しむようになっていった。

江戸川区側では、ボートイベントや手漕船の活動が2003年から始まり、その活動は、荒川ロックゲートの完成によって活発になっていった。

江東区では、「亀戸カヌー万歩倶楽部」が2011年に設立され、住民のカヌー活動が始まった。亀戸カヌー万歩倶楽部は、平常時はカヌーを楽しむことに加えて、水害時のカヌー利用訓練も目的にしている。亀戸地区が2013年に江東区の景観重点地区に指定されたことを契機として、亀戸9丁目の住民が「旧中川アジサイクラブ」を設立し、旧中川の河川敷を活用してアジサイの植え付け・管理やイベント「旧中川アジサイ祭り」を開催している。

利用の展開

亀戸カヌー万歩倶楽部は、江東区カヌー協会と協力し、2012年に水防訓練を実施した。また、豊洲地区運河ルネサンスの「船カフェ」を参考に、2013年の「旧中川アジサイ祭り」では、亀戸中央公園乗船場を使用して「旧中川船カフェ」を実施するなど、他地区との連携が始まっている。

旧中川大島地区

親水空間整備

番所橋乗船場が1985年に整備され、その後中川船番所資料館が2003年に開館した。江東内部河川整備事業が2011年に完了し、河川敷の緑地・親水空間の整備に続き、また中川大橋下艇庫が同年に整備された。かつて中川船番所があったということで、江東区によって川の駅が2013年に整備され、水陸両用バスが入水する多目的スロープと手漕船船着場も完成した（図4）。

利用組織と利用状況

それに刺激されて、江東区立中学校カヌー部[3]の活動が2009年から始まった。番所橋乗船場は、江東区水上バスが廃止されてからはほとんど使用されていなかったが、「江東区・墨田区の観光連携に資する船着場活用の社会実験」によって2011年から小規模船舶事業者が使用するようになった。亀戸カヌー万歩倶楽部と連携することで、大島地区の住民による「大島カヌー散歩倶楽部」が2011年に設立された。大島カヌー散歩倶楽部は、水害時のカヌー利用訓練を目的としてカヌー活動を行うほか、河川敷の植栽管理を2013年から行っている。川の駅が2013年に整備されて、スカイダックと水彩テラスの営業が始まっている。

利用の展開

川の駅が2013年に整備され、2013年の水彩フェスティバルでは、クローバー橋周辺地区に加えて、川の駅も会場となった。大島カヌー散歩倶楽部は、水彩テラスを運営する「日の丸サンズ」の協力を得て、2012年から河川敷へのナノハナなどの草花の種まきといった魅力づくりを始めた。そのほか、スカイダックを運行する日の丸自動車興業は、2013年から水彩フェスティバルを支援して

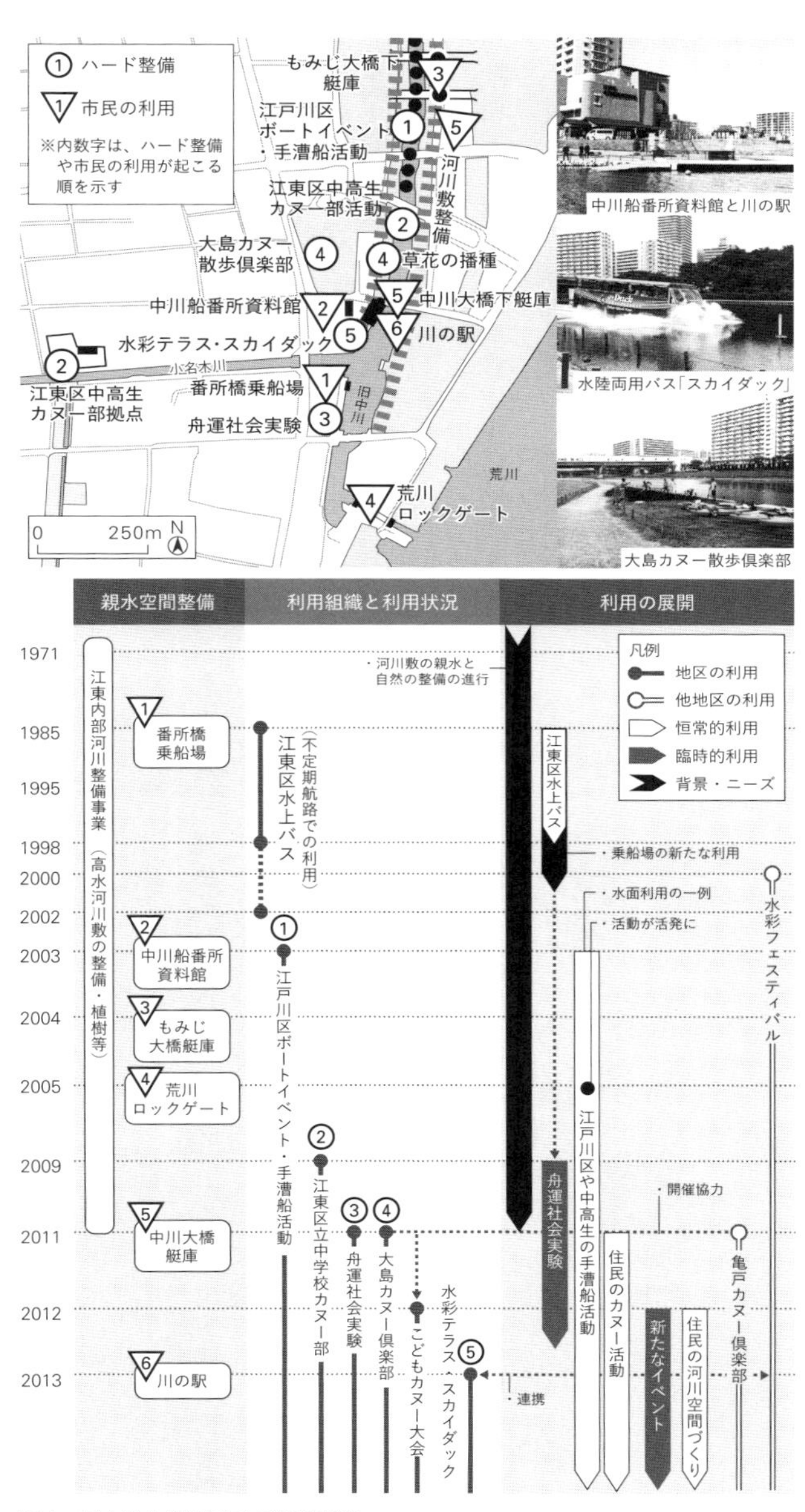

図4 旧中川大島地区での河川利用

いる。以上のように、住民の活動に加えて、住民とNPO、民間事業者が連携するイベント開催へと展開している。

江東内部河川の利用の変遷と実態

江東内部河川では、河川・運河の利用が多い拠点的地区が存在している。その拠点的地区のなかで、市民・民間事業者の利用組織が複数存在する3つの地区では以下のことがいえる。

①公共事業による橋、船着場、親水空間、遊歩道の整備が基盤となり、市民などの河川・運河利用が始まり、その後市民などの活動が活発になるにつれ、さらなる公共事業によってカヌー艇庫などが整備されている。

②歴史・文化の伝承、災害時対応が、市民の河川・運河利用の動機で、また活発になった要因となっている。

③市民の河川・運河利用組織は、東京湾岸地域も含めて相互に刺激し合い、情報交換し、連携している。また民間事業者も市民と連携している。

連鎖する地域情報の発信

情報地図の発行、情報地図とセットになった地域解説書、地域情報紙の発行といった複合的な地域情報の発信によって、内発的な力が外に向かって拡大するとともに、活動がオープンになり、地域づくりの参画ネットワークの形成へと展開していく。

前節で述べたように、江東内部河川の利用の拠点化が進んでいる地区では、東京湾岸地域との連携も積極的に行われている。特に亀戸地区では、江東区文化コミュニティ財団・江東区亀戸文化センターが中心となり、複合的な地域情報の発信方法として、市民と大学が連携して、地域の魅力を集めた単語帳を作成・発行している。またこの単語帳づくりから展開した、亀戸地区の小学校でのまちのカルタづくりワークショップを紹介する。

亀戸福都心単語帳[4]

「かめたん」の概要

亀戸福都心単語帳（通称：かめたん）は、亀戸文化センターの受講生を中心とする市民の有志、芝浦工業大学建築学科地域デザイン研究室、亀戸文化センターなどが連携して2008年から発行している。江東区亀戸文化センターで、当初は1部500円、2014年からは600円で販売されている。改訂版を2011年3月と、2015年3月に発行し、合計で1500部ほどが販売済みである。

「かめたん」は、亀戸地区の143の魅力を紹介する単語帳形式のもので、表面に魅力の写真、裏面にその魅力の説明が約100文字程度で書かれている（図5、6）。付属品の亀戸福都心地図には、各々の場所が示されている。

「かめたん」作成の流れ

亀戸文化センターは、2006年度から2008年度まで、亀戸のまちづくりに貢献する人材「まちのサポーター」を養成する講座を開講した（図7）。2006年度の講座では「亀戸のまち再発見」として、亀戸の歴史を勉強してからまち歩きを行い、情報地図を作成した。2007年度「亀戸のまちのサポーターになろう！」では、亀戸1〜6丁目を中心としてまち歩きを行い、「かめたん」の原案を作成した。また、

亀戸丁目	1丁目	2丁目	3丁目	4丁目	5丁目	6丁目	7丁目	8丁目	9丁目	計
魅力の数	12	19	40	15	12	16	7	7	15	143

図５　「かめたん」の概要

図６　「亀戸福都心単語帳」（かめたん）抜粋

受講生がサポーターになるトレーニングとして、一般市民が参加するまち歩きワークショップを企画・実施した。２００８年度「亀戸のまちのサポーターになろう２」では、亀戸７~９丁目を重点的にまち歩きし、「かめたん」を完成させた。当初、「かめたん」はサポーターが地域資源を認知するためのツールとして作成されたが、２００７年度講座後の文化センター活動の紹介展で、「かめたん」が好評であり、地域

講座の内容 / 位置づけと目的 / 成果

2006年度

亀戸のまち再発見		
12/16	第1回	オリエンテーション
1/6	第2回	まちを知るための いろいろな地図
1/20	第3回	亀戸の歴史〜中世・近世〜
2/3	第4回	亀戸の歴史〜近代以降〜
3/3	第5回	まち歩き
3/10	第6回	亀戸のガリバー地図をつくろう

準備的講座
まちの現状の把握
まち歩きから情報
地図を作成する
▼
亀戸の魅力を収集
（2〜5丁目）

▶ 情報地図作成

2007年度

亀戸のまちのサポーターになろう！		
5/10	第1回	オリエンテーション
5/17	第2回	「まちについて考えよう」
5/26	第3回	まち歩き1
5/31	第4回	亀戸面白探しのまとめ
6/9	第5回	まち歩き2
6/14	第6回	船から見た亀戸のまとめ
6/21	第7回	まち歩きWSの準備1
6/30	第8回	まち歩きWSの準備2
7/7	第9回	まち歩きWS
7/12	第10回	まち歩きWSのまとめ
7/28	第11回	サポーター認定式

中心的講座
サポーターの育成
まち歩きを企画・
運営を通じて
サポーターを養成する
▼
亀戸の魅力を収集
（1〜6丁目）

→ 「かめたん」の原案

講座後活動	2007年度 講座活動紹介 「かめたん」展示会

▶ 講座活動の成果を地域に発信する ▶ 地域住民の購入希望 → 2008年度講座開講

2008年度

亀戸のまちのサポーターになろう2		
5/10	第1回	「かめたん」について
5/17	第2回	まち歩き1
5/22	第3回	まち歩き1まとめ
5/31	第4回	まち歩き2
6/5	第5回	まち歩き2まとめ
6/12	第6回	「かめたん」原稿まとめ
6/28	第7回	「かめたん」完成修了式

補完的講座
地域への情報発信
「かめたん」を完成
させて販売し、地域
の魅力を伝える
▼
亀戸の魅力を収集
（1〜9丁目）

→ 亀戸福都心単語帳
「かめたん」の完成

2008年度：第2回講座の様子

2008年度：第3回講座の様子

図7 「まちのサポーター」養成講座の流れ

の潜在的な需要を掘り起こすことができたため、２００８年度講座後に販売されることになった。サポーターは、後に自主活動を始め「亀戸まちのサポーター会議」という任意団体を設立している。

文化センター、サポーター、大学の役割分担

講座は文化センターが主催し、筆者が講師を、筆者の研究室の学生がスタッフを務めた（図８）。２００６年度の講座は文化センターと講師が企画したが、２００７年度の講座からはスタッフも一緒に企画した。受講生は２００６、２００７、２００８年度がそれぞれ24名、14名、12名であり、２００７年度には7名が修了しサポーターとなり、２００８年度講座の企画に参加した。最終的に12名のサポーターが育成された。

「かめたん」購入者の状況、意向

かめたん購入者に、２００８年度に実施したアンケート調査の結果を図９に示す。

購入者は50歳以上が全体の約8割を占めており、20代や30代は極めて少ない。購入のきっかけは、「広報を見て」が約8割を占めている。これは「かめたん」が様々な広報に取り上げられたからである。文化センターは日頃から様々なメディアとつながりがあり、地域への情報発信力が「かめたん」購入者を増やしていた。「かめたん」の利用方法については、「まちを知る」「まち歩き」が合わせて過半数を占めた。「地域の勉強」「地域の資料」も合計で3割を占めた。また「おいしいお店探し」も約1割いた。「かめたん」作成講座の認知度については、約6割が「知らない」で、「知っている」「耳にはした」は約2割であった。講座の認知度は高くはなかった。今後の講座への参加意欲については、「参加してもよい」「ぜひ参加したい」が約7割と多い。講座の認知度が高まれば、住民の講座へのより多くの参加が期待できるといえる。

亀戸地区では、「かめたん」作成の取り組みや、亀戸まちのサポーター会議の活動があり、他方、まち

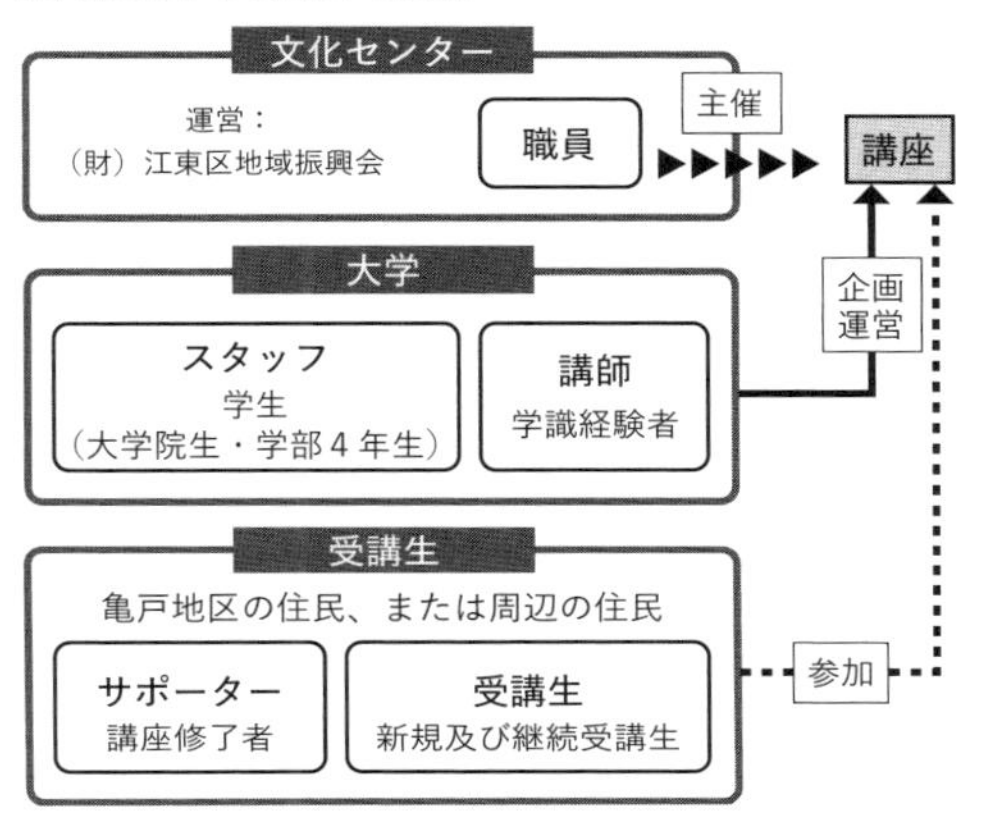

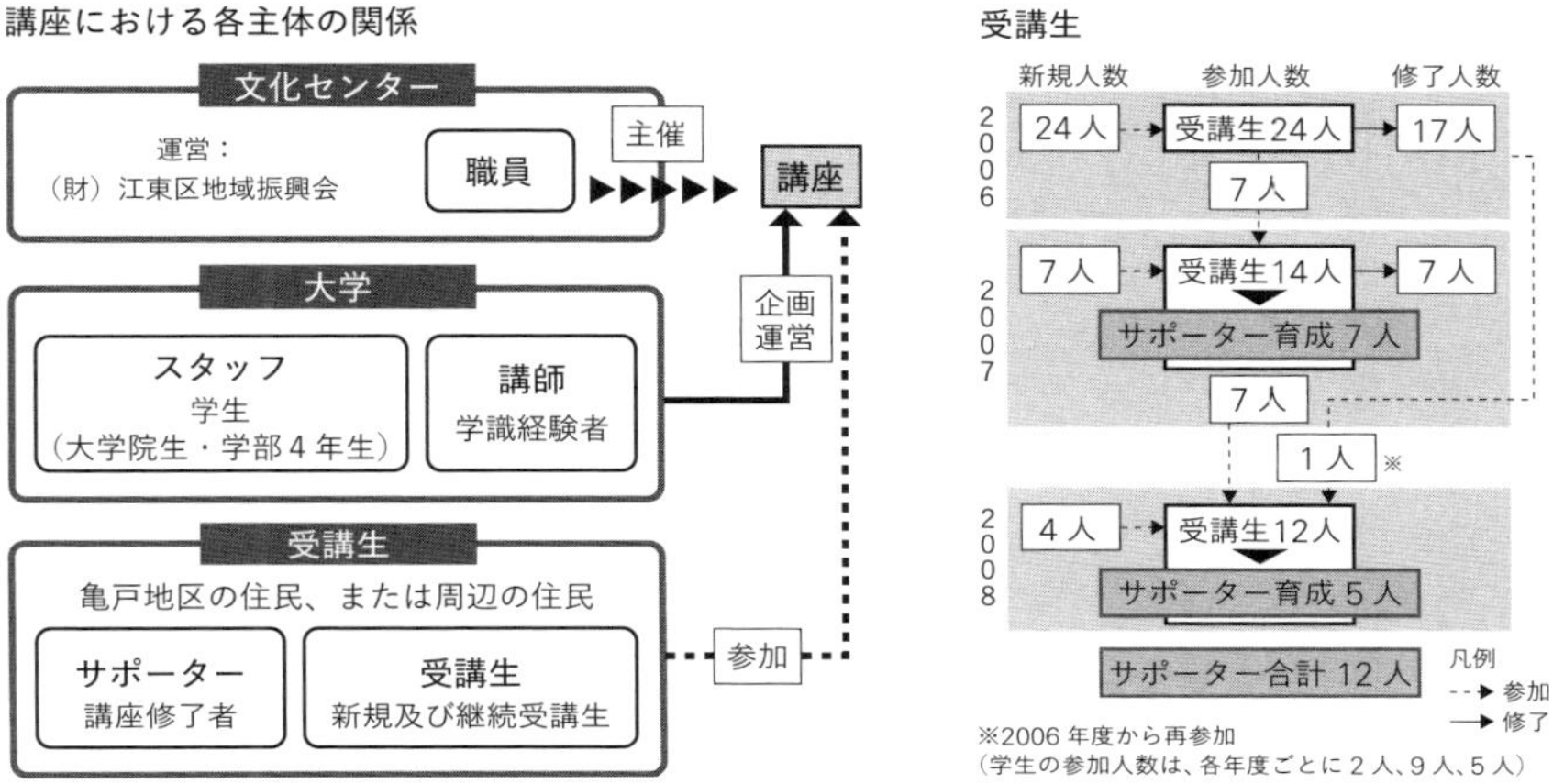

講座における各主体の関係
文化センター
運営：
（財）江東区地域振興会
職員
主催
講座
大学
スタッフ
学生
（大学院生・学部４年生）
講師
学識経験者
企画
運営
受講生
亀戸地区の住民、または周辺の住民
サポーター
講座修了者
受講生
新規及び継続受講生
参加
受講生
新規人数
参加人数
修了人数
2006
24人
受講生24人
17人
7人
2007
7人
受講生14人
7人
サポーター育成７人
7人
1人 ※
2008
4人
受講生12人
サポーター育成５人
サポーター合計 12 人
凡例
参加
修了
※2006 年度から再参加
（学生の参加人数は、各年度ごとに２人、９人、５人）

図８　講座における各主体の関係と受講生

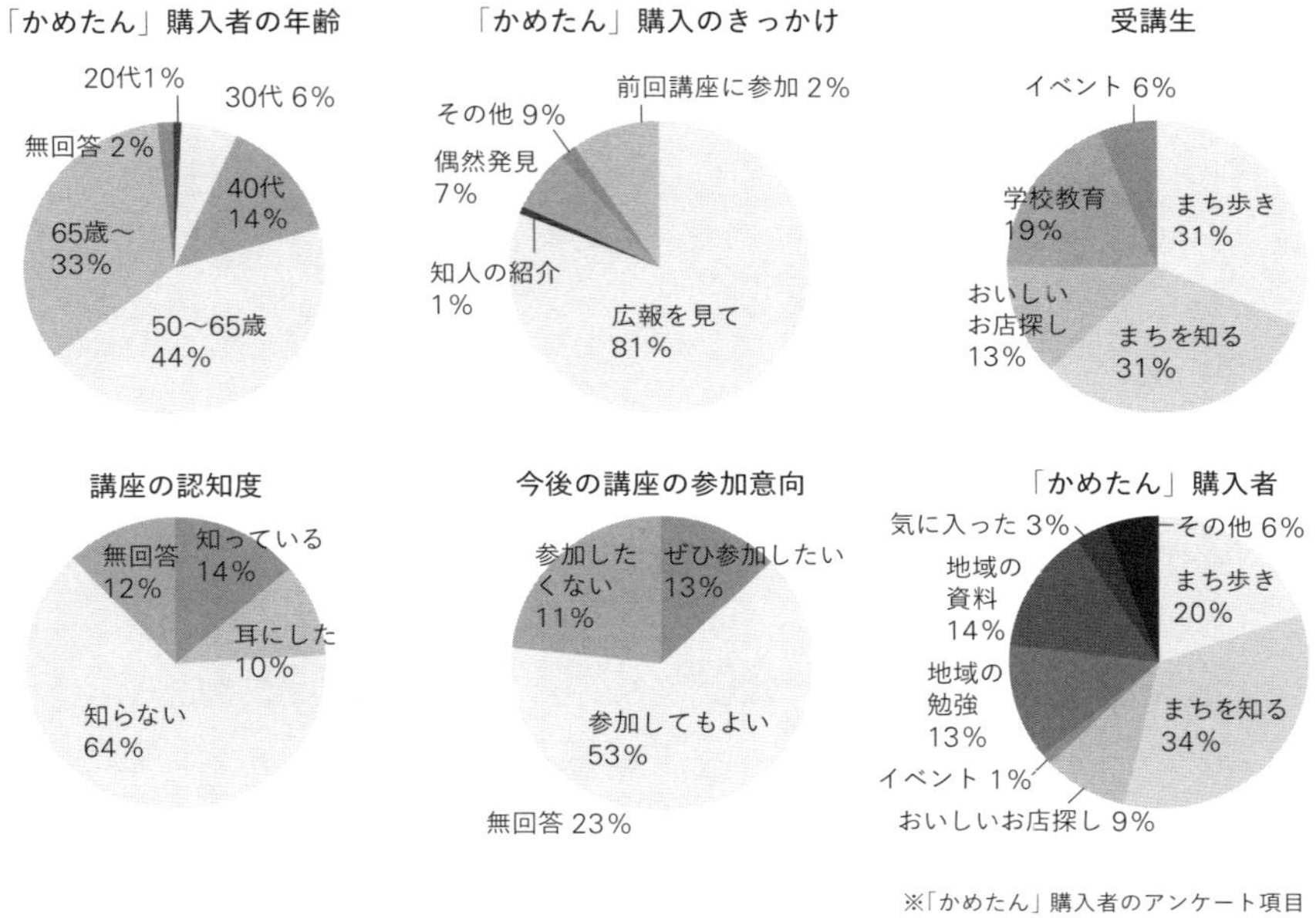

「かめたん」購入者の年齢
20代1%
30代 6%
無回答 2%
40代
14%
65歳～
33%
50～65歳
44%
「かめたん」購入のきっかけ
前回講座に参加 2%
その他 9%
偶然発見
7%
知人の紹介
1%
広報を見て
81%
受講生
イベント 6%
学校教育
19%
まち歩き
31%
おいしい
お店探し
13%
まちを知る
31%
講座の認知度
無回答
12%
知っている
14%
耳にした
10%
知らない
64%
今後の講座の参加意向
参加した
くない
11%
ぜひ参加したい
13%
参加してもよい
53%
無回答 23%
「かめたん」購入者
気に入った 3%
その他 6%
地域の
資料
14%
まち歩き
20%
地域の
勉強
13%
まちを知る
34%
イベント 1%
おいしいお店探し 9%

※「かめたん」購入者のアンケート項目
には、「地域の勉強・地域の資料・気に
入った」の３つを追加した

図９　「かめたん」購入者の状況と意向

としては、亀戸3丁目を中心として神社仏閣などの歴史的資源が多く残っている。そこで江東区は、地元住民が参加するワークショップを経て、2013年に亀戸地区を景観重点地区に指定し、同時にこの地区では「亀戸景観まちづくりの会」が活動している。

まちのカルタづくりワークショップ[5]

亀戸では「かめたん」がきっかけとなり、小学校、サポーター、同大学が連携して、「まちのカルタづくりワークショップ」も開催された。江東区立第2亀戸小学校の「総合的な学習の時間」の地域学習として2011年に実施された。

ワークショップの実施の経緯

住民である「亀戸まちのサポーター会議」と亀戸文化センター職員、筆者は、「かめたん」第2版制作で連携関係ができていた。その後、校長からサポーター、文化センター職員、筆者に二亀小の地域学習への支援依頼があった。それを受けて、まずはワークショップの企画者となった大学生が、小学校の夏期休暇中の学習指導に参加して、児童たちと小学校の様子を把握した。その情報をもとに、三者で相談してワークショップを実施することになった（図10）。

ワークショップの内容

全体テーマを「亀戸探検隊になって亀戸博士を目指そう！」とし、全4回で実施した（図11）。参加したのは、4年生の児童50名で、8〜9名からなる6チームに

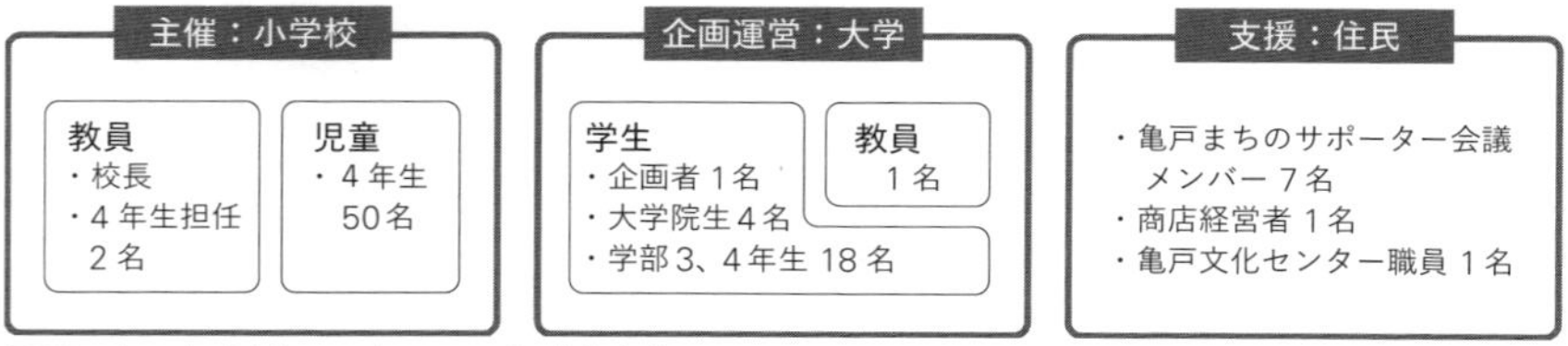

主催：小学校	企画運営：大学	支援：住民
教員 ・校長 ・4年生担任 2名 児童 ・4年生 50名	学生 ・企画者1名 ・大学院生4名 ・学部3、4年生18名 教員 1名	・亀戸まちのサポーター会議 メンバー7名 ・商店経営者1名 ・亀戸文化センター職員1名

図10　カルタづくりワークショップの実施主体

全体のテーマ：亀戸探検隊になって亀戸博士を目指そう！

基本事項	内容	ツール・備品
第1回ワークショップ 導入 日時：2011 年 9 月 22 日 テーマ 「博士から亀戸の話を聞こう」 目的 ・子供達が地域を知って興味を持つ ・カルタ作成の動機付け 全体時間　45 分 会場　4 年 1 組、4 年 2 組	**❶はじめに 10分** 進行役が亀戸探険隊（亀戸の魅力を発見・理解するための隊）について説明の後、児童も入隊した。指令書を配布後に全員で読み上げて、カルタWSの目的を理解した。 各クラス3チーム、計6チームに分け、各チームを担当する博士（住民）と助手（大学・学生）を発表した。	・チーム証 ・指令書 （博士になるための指令が書かれている） ・カルタ見本
	❷自己紹介 10分 チームごとに、博士・助手・児童の順番で一人ずつ自己紹介をした。 チームごとの進行は、各チームの博士が行った。	・名札
	❸地域資源の説明 5分 進行役が、地域資源の説明を行った。亀戸に実在する地域資源の写真を見せながら説明した。 補足は各チームで博士が行った。	・地域資源写真 （A3版）
	❹地域の説明 15分 各チームで博士が亀戸について児童に説明した。内容は博士が個人で考案し、古地図や絵を児童に見せながら行った。 第2回WSのまち歩きで使用する探険地図を配布して、児童と博士で亀戸についてのディスカッションを行った。	・地域に関するアイテム ・探検地図 （亀戸の宝物が記してある）

黒板　教卓　入口　窓　廊下　チーム　入口　3m

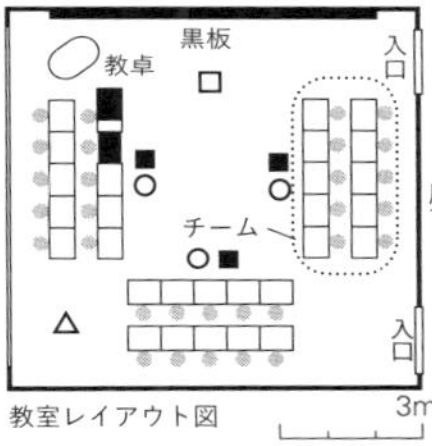

教室レイアウト図

□ 進行役　● 児童
■ 助手　△ 4 年生担任
○ 博士

❹地域の説明の様子

基本事項	内容	ツール・備品
第2回ワークショップ まち歩き 日時：2011 年 9 月 29 日 テーマ 「亀戸探険で俳句づくり」 （まち歩き） 目的 ・地域資源を見て回る ・地域資源で俳句をつくる 全体時間　95 分 会場　・4 年 1 組、4 年 2 組教室 レイアウトは同様 ・亀戸 1、6、7 丁目	**❶はじめに　10分** 進行役が、まち歩きの注意事項と目的を説明した後、外出の準備をした。 **❷まち歩き　60分** チームごとに違う探険地図を元に、地域資源を巡った。各地点で博士が説明を行い、児童はメモを取る、俳句を詠むなどした。	・チーム証 ・指令書 ・探検地図 ・児童用ボード ・筆記用具 ・俳句メモ ・デジタルカメラ
	❸俳句作成・俳句選択　10分 児童がまち歩きで作成した俳句の中から、第3回WSでイラストを描くための俳句を選んだ。 まち歩き中に俳句が作れなかった児童は、俳句をつくった。	・俳句メモ

❷まち歩きの様子

図11　カルタづくりワークショップ（WS）の内容（第1・2回）

第3回ワークショップ　カルタ完成

日時：2011年10月6日

テーマ
「絵を描いてカルタを完成させよう」
目的
・地域資源の絵を描く
・他人のカルタを知る

全体時間　95分
会場　・4年1組、4年2組教室
　　　レイアウトは同様

カルタの例

取り札
（イラスト）

読み札
（俳句）

130mm　160mm

❶はじめに 10分
進行役が、カルタを完成させる目的と俳句清書・イラストの描き方の説明をした。

・指令書
・カルタ見本

❷読み札（俳句）清書 15分
カルタ用紙に、俳句を筆ペンで清書した。

俳句を選択していない児童は、俳句の選択や作り直しを行った。

❸取り札（イラスト）作成 40分
清書した俳句に対応したイラストを、地域資源の写真を見ながらカルタ用紙に黒ペンと色鉛筆で描いた。時間が余った児童は、さらにカルタを作成した。

❹カルタの発表 10分
各チームで、作成したカルタの発表を行った。

児童が自分の取り札をチーム全体に見せながら読み札を読みあげた。

各チームの進行は、博士と助手が行った。

・俳句メモ
・筆ペン
・黒ペン
・色鉛筆
・カルタ用紙
・巡った地域資源の写真

❸イラスト作成の様子

第4回ワークショップ　カルタ大会

日時：2011年10月27日

テーマ
「つくったカルタでカルタ大会！」
目的
・カルタWSの振り返りをする
・他人のカルタを知る

全体時間　45分
会場　体育館

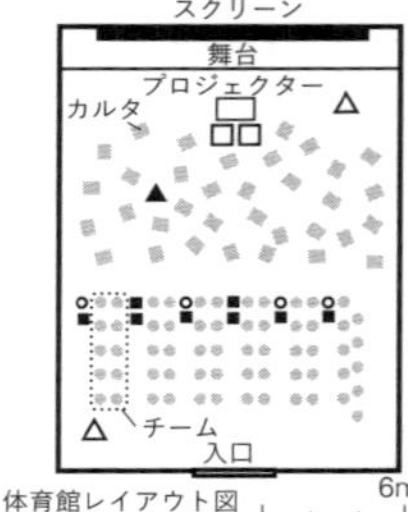

体育館レイアウト図

□ 進行役　● 児童
■ 助手　△ 4年生担任
○ 博士　▲ 審判

❶はじめに 10分
チームごとに整列した。進行役が、カルタ大会のルールをスクリーンにスライドを映しながら説明した。

大学・学生による、カルタ取りのデモストレーションを行った。

❷カルタ大会 35分
全6チーム対抗でカルタ取りを行った。児童全員のカルタを1組ずつ使用した。

進行役が読み札を読んだ後、スクリーンに取り札が映ってから児童が取りに行く方法で行った。

・プロジェクター
・マイク
・スクリーン
・チーム証
・カルタ（A3判）50枚※
・ホイッスル

❸まとめ 5分
優勝チームの発表と、優勝チームへの優勝ステッカーの贈呈を行った。

最後に、児童全員に博士認定証を贈呈した。

・優勝ステッカー
・博士認定証

❶ルール説明の様子

❷カルタ大会の様子

※カルタ大会で使用したカルタは、第3回WSで作成された全72組のカルタの中から大学・企画者が各児童1枚ずつ選び、A3判に拡大したものを用意した。

図11　カルタづくりワークショップ（WS）の内容（第3・4回）

分かれてサポーターと大学生が各チームに1名ずついて進行していった。

第1回「導入」では、ワークショップの目的の説明と、カルタ作成の動機付けを行った。第2回「まち歩き」では、「かめたん」に紹介されている魅力ポイント24カ所を巡りながら俳句を詠んだ。第3回「カルタ完成」では、前回作成した俳句からカルタにするものを選び、それに対応したイラストを描いた。第4回「カルタ大会」では、完成したカルタを使用して体育館でカルタ取りを行った。

完成したカルタ

まち歩きワークショップの結果、児童たちは6チームで合計140句の俳句を詠んだ。第3回ワークショップで作成された俳句（読み札）とイラスト（取り札）が対になったカルタは72組できた。第4回ワークショップ「カルタ大会」では、50名の児童が作成したカルタが1人1組採用されるように、50組のカルタを選定・使用した。

ワークショップの評価

第2回ワークショップ

①今日の亀戸探険は
楽しかったですか？

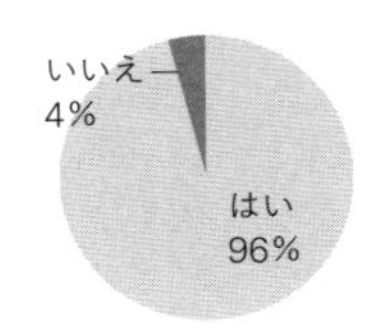

②博士のお話は
面白かったですか？

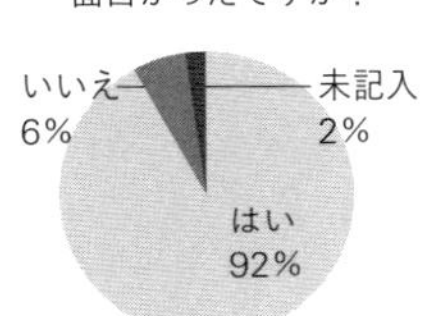

③俳句をつくるのは
難しかったですか?

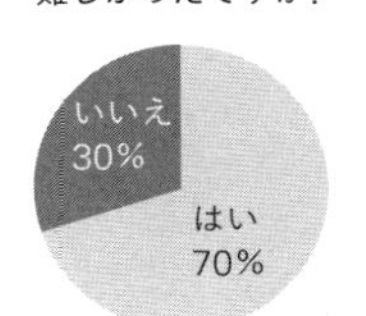

第4回ワークショップ

④亀戸にくわしくなる
ことができましたか？

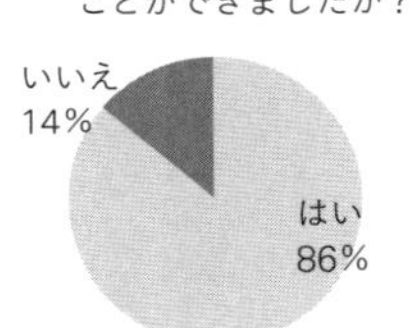

⑤博士・助手さんと一緒の
授業は、楽しかったですか？

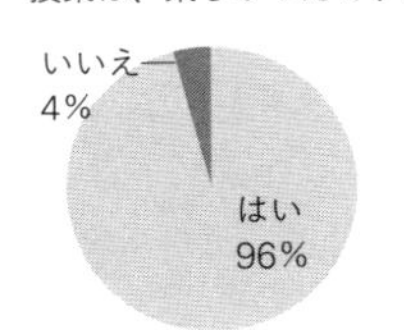

⑥また亀戸探険隊として
活動したいですか？

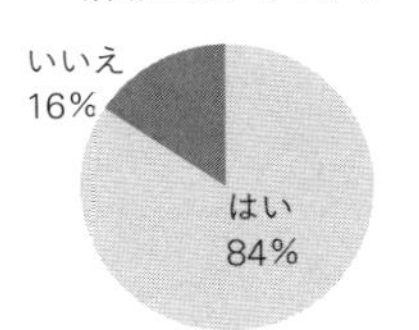

図12　児童へのアンケート調査結果

児童に対して、第2回と第4回後に実施したアンケート調査結果を図12に示す。第2回「まち歩き」(亀戸探検)について、ほぼ全員が楽しかったと回答しており、博士(ガイド役の住民)の話もおもしろかったと回答した。また、7割が俳句を詠むことは難しかったと回答したが、第2回に対する満足度は高かったといえる。第4回「カルタ大会」後に行ったアンケート調査では、ワークショップを通じて約85%が亀戸について詳しくなった、またカルタづくりワークショップに参加したい、またほぼ全員がワークショップが楽しかったと回答した。

周辺へと展開するまちづくり

東京湾岸地域を中心とするまちづくりは、各地に広がっており、たとえば江東区門前仲町地区の大横川にある黒船橋船着場では、「深川カヌー倶楽部」が2015年7月から活動している。江東区カヌー協会の呼びかけで発足したものだが、同じ江東区内の亀戸カヌー万歩倶楽部や大島カヌー散歩倶楽部と連絡を取り合っている。また、2017年9月の豊洲水彩まつりでは、深川カヌー倶楽部がカヌー教室を開催した。これに刺激を受けて、豊洲カヌー倶楽部も発足する予定で動いている。このように、運河・河川・水辺を活用するまちづくりは江東区内に展開している。他にも門前仲町地区では、江東区の観光・地域交流施設である「深川東京モダン館」が拠点となり、多くの住民ボランティアが来街者に対して観光ガイドを行っている。またモダン館の多目的スペースなどでは、住民による交流会やコミュニティ・カフェが開かれている。さらに、江東区の景観重点地区に門前仲町地区が指定された時に設立した「深川門前仲町地区景観まちづくりの会」[6]の事務局も同館にある。

門前仲町地区のすぐ北にある清澄白河地区は、近年では、古い材木倉庫などをコンバージョンしてコーヒー豆の焙煎機を置いたカフェやギャラリーのまちとして知られている。この地区にある運河・仙台堀川は、深川カヌー倶楽部の活動範囲となっている。また隅田川沿いの清澄1丁目にあるシェアホテル「LYURO東京清澄」には、公共空間として開放された川床が、東京都の「隅田川かわてらす」社会実験として2017年4月にオープンした（図13）。川床はレストランのオープンカフェにもなっており、週末などは多くの人々で賑わっている。ここでも、既存建物のコンバージョン活用や運河・河川・水辺を活用するまちづくりが展開している。[7]

隅田川を少し北に行った台東区の蔵前地区では、既存建物のコンバージョン活用が連鎖的に起こり注目されている。この地区では、「蔵前おさんぽMAP」が発行されており、毎月1回開催される「月イチ蔵前」と連動しており、これが事業者同士の交流を生み、地区の全体と

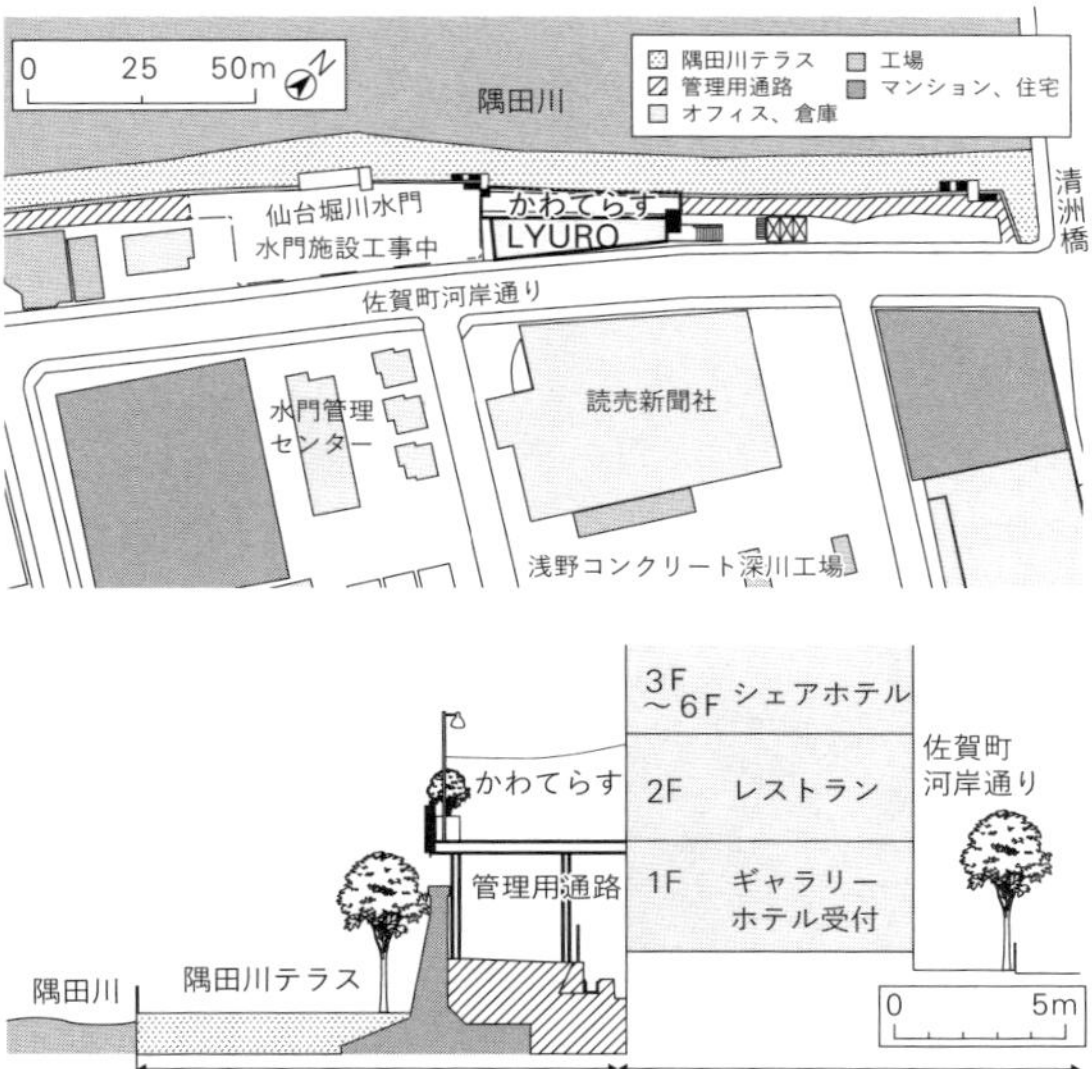

図13　LYURO東京清澄かわてらす

しての魅力を高めている。「月イチ蔵前」は毎月第1土曜日に行われるワークショップや展示販売会などで店舗やアトリエを開放する取り組みで、2012年から行われている。古い事務所ビルをコンバージョンしてレストランやギャラリーなどが入る複合商業施設「MIRROR」はその好例で、東京スカイツリーが見える隅田川沿いの眺望で知られている。蔵前地区の南では、東京都の「隅田川かわてらす」社会実験のレストランが2016年7月から営業している（図14）。このように蔵前地区でも、既存建物のコンバージョン活用や運河・河川・水辺を活用するまちづくりが展開している。[8]

さらに隅田川を北に行った墨田区の北十間川周辺地区では、耐震護岸整備後に親水遊歩道テラスが整備される計画で、北十間川のすぐ北側を通っている東武鉄道高架下にも店舗が入る予定（2020年頃）になっている。そこで、地元の町会や商店会が中心となり、東武鉄道などの企業やNPO、筆者、墨田区からなる北十間川水辺活用協議会が、2018年3月に発足した（図15）。隣接して東京スカイツリーがあり、また隅田川を挟んだ対岸には浅草があるので、北十間川の整備に合わせて、運河・河川・水辺の活用と既存高架下を活用するまちづくりを進めようとしている。[9]

東京湾岸地域を南に行った品川区の旧東海道品川宿周辺地域では、

図14　蔵前地区のかわてらす

図15　北十間川周辺地区での水辺活用の検討（ボートを使用し、水上と陸上から検討した）

1988年から「旧東海道品川宿周辺まちづくり協議会」が活動し、景観形成や交流プロジェクト、水辺活用プロジェクトなどを実行している（図16）。この地区では、まちづくり協議会が多様なプロジェクトによって成果を挙げていることと、新たな事業者の参入を支援するなど、中間支援組織としての役割を果たしていることが先進的である。また運河・河川・水辺の活用もプロジェクトの一つであり、品川浦・天王洲地区運河ルネサンス協議会と、勝島・浜川・鮫洲地区運河ルネサンス協議会と連携している。[10]

以上のように、東京湾岸地域の周辺では、運河・河川・水辺の活用や既存施設のコンバージョン、まちづくり協議会の活動などが展開しており、ゆるやかな共感によるネットワークを形成している。これらのネットワークは決して結合するわけではなく多元的に存在しているが、互いに存在を認識しており、場合によっては情報交換し、連携して活動している。これら市民の参画ネットワークが重層化・多元化して東京湾岸地域づくりをおもしろくしている。

運営委員

役員		事務局
会長	商店会会長など	広報
副会長		品川宿交流館運営
常務		一般メンバー
事務局長		
会計		

プロジェクト	内容	区分
交流プロジェクト	他所のまち・催しを視察、視察の受入れ	内部※
情報発信プロジェクト	ホームページ、Webでの情報発信、掲示板・回覧板向けの刊行物	内部※
まち並み整備プロジェクト	景観アドバイザー業務委託、大規模開発への働きかけ	内部※
品川交流館運営	まちづくりに取り組む人の交流、文化や歴史に触れる場づくり	内部※
水辺プロジェクト	水辺の文化、子どもたちに楽しんでもらう、環境教育・防災教育	持込※
文化スポーツ夢プロジェクト	スポーツを通じたまちづくり、フットサル・サッカースクール	持込※
研究・事業開発プロジェクト	運営委員会で出された提案やまちづくりについて考える	持込※
しながわっこプロジェクト	しながわを愛する子どもたちを増やす、小学校のまち歩き　高校の自治会活動	持込※

※内部：まちづくり協議会内で発案されたプロジェクト
持込：まちづくり協議会外から発案されたプロジェクト

図16　旧東海道品川宿周辺まちづくり協議会の体制

東京湾岸地域の未来と地域づくり

東京湾岸地域の動向

東京湾岸地域では、1990年代から再開発が進んで、タワーマンションが林立して多くの人々が住むようになり、大都市・東京の一つの中心を形成しつつある。タワーマンションができることによって人口は増え、若い世代の転入者も増えるかもしれないが、新住民は地域への愛着が希薄で無関心、近隣コミュニティの弱体化、地域活動に参加しないといった問題が報告されており、どのように近隣コミュニティや地縁を形成していくかが大きな課題となっている。

また2020年の東京オリンピック・パラリンピック大会では、湾岸地域には14の競技会場が整備され、多くの競技会が開催される。競技会場は、有明エリア、お台場エリア、辰巳エリア、夢の島エリア、海の森エリア、葛西エリア、大井エリアの海上公園などに集まっている。競技会場と海上公園の整備によって、湾岸地域のアメニティは大きく向上するだろう。また中央区晴海には選手村がつくられ、大会後一般市民向けの集合住宅団地や商業施設になる。2018年10月には豊洲市場が開場し、環状2号線も部分開通する。関連して巨大な開発プロジェクトも多く、ますます注目を集める地域となっている。将来に向けて、多くの開発が計画されており、さらに多くの人々が住むようになり、ここで生まれ育ち、東京湾岸地域を「故郷」とする人々は確実に増加していく。タワーマンションが建ち並ぶ近代的な風景の背後には、「故郷」にふさわしいどのような歴史的文脈が存在するのか、情報地図の解読や、地域情報紙と情報発信の方法の提示（3章、4章、7章）のなかで説明してきた。ここではさらに、内発的なまちづくりが相互にゆるやかなつながりとネットワークを形成し、多元的かつ重層的なネットワークからなる地域づくりへと進んでいくための方法を示したい（図17）。

地域マネジメント

東京湾岸地域においても、内発的な力によるまちづくりが各地で沸き起こり、運河・河川・水辺活用や、木造家屋や町工場、倉庫のリノベーションやコンバージョン、情報地図づくり、観光振興などのテーマによるネットワークをつくり、それら多元的なネットワーク・コミュニティが重層化して地域を形成している。東京湾岸地域は、江戸時代の日本橋から始まる歴史的文脈をもつが、文脈は圏域では終わらず、個々の活動によってネットワーク・コミュニティが相互に情報交換や刺激し合い、連携することで、これからのまちづくりと地域づくりの無限ともいえる可能性が高まっている。

そこで地域づくりを計画するには、まず地域マネジメント（運営）を考えることになる。地域マネジ

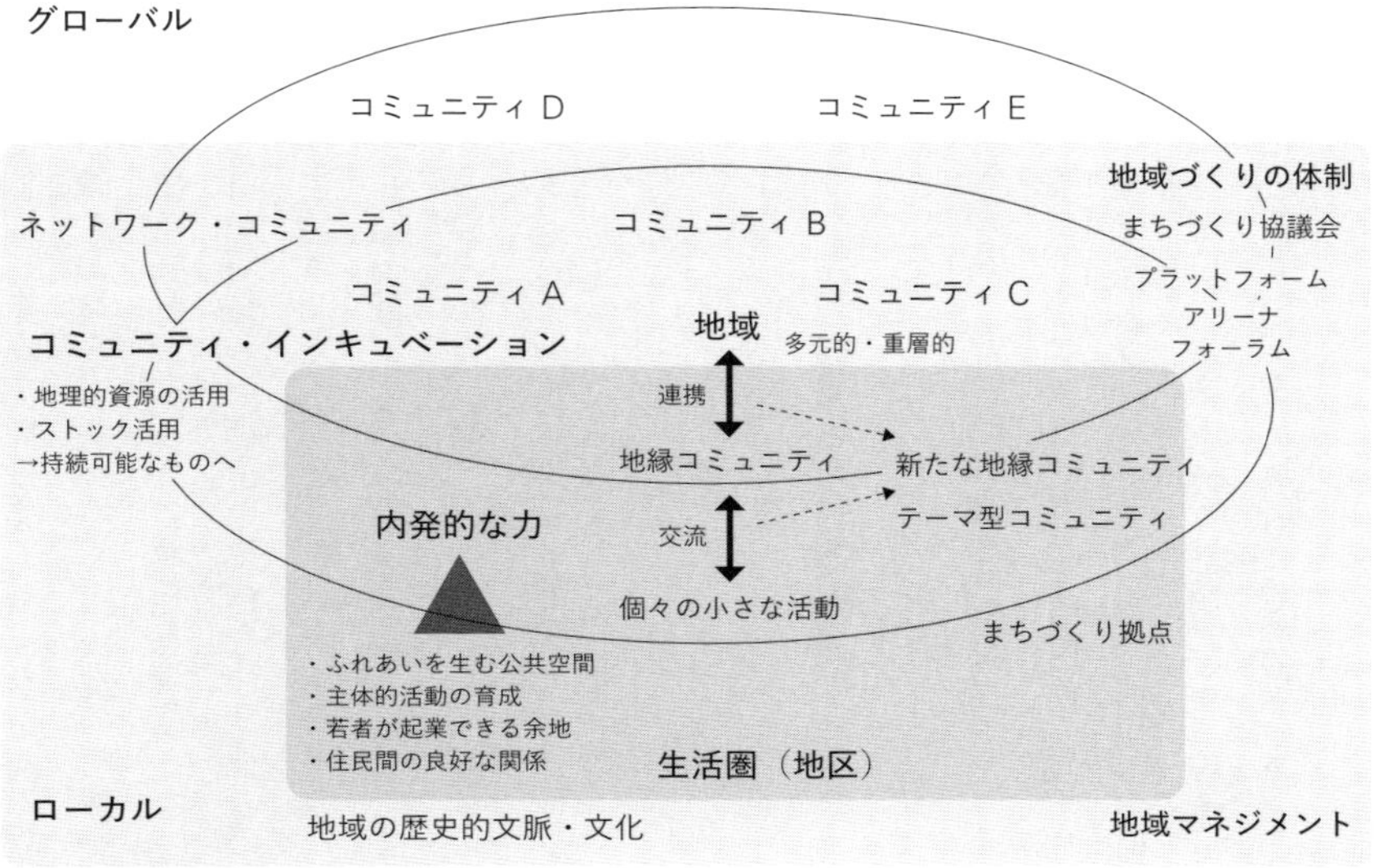

図17　東京湾岸地域における地域づくり

メントとは「ある関係づけられた領域を場として、様々な地区で個別に進んでいるまちづくりを組み立て、編集的に統合し運営すること」である。[11] 地方都市のように、人口減少が進み、かつ中心市街地の解体が進んでいる状況では、この地域マネジメントの仕組みを確実に構築する必要があろう。盆地を単位とする圏域の文化的経済的拠点である地方都市が衰退する一方で、まちと村が解体し、都市と農村という地方の枠組みが壊れはじめている。これを立て直すために、開発よりもマネジメントに力を注ぎ、育まれてきた地域資源を有効に利用することで、個性豊かで持続可能な地域づくりが実現するのだ。特に地方の場合は、東京などの大都市とのつながりも重要で、人材や知恵を大都市から持ち込み、マーケットとして大都市に魅力を発信する必要がある。ネットワークを強調する理由は、このような圏域を超えた関係づくりが大切だからだ。

コミュニティ・インキュベーション

全国的に人口が減少しているなかで、未だ人口増加が進んでおり、巨大開発を含む都市化が進んでいる東京湾岸地域では、生活圏レベルから地域圏までの広がりにおけるコミュニティ・インキュベーション(incubation：孵化、培養)という発想が地域づくりで最も肝心である。意識的に戦略的にコミュニティを育成するという意味である。タワーマンションや巨大なショッピングセンターの建設といった開発が進むなかで、地域経済はしばらくは順調に推移するだろうが、歴史的文脈と文化にもとづき、河川・運河・水辺といった地理的資源の活用、リノベーションやコンバージョンといったストック活用による持続可能な地域づくりを実現するためには、地縁によるものからテーマによるもの、また地域まで広がるネットワーク的なコミュニティの立ち上げを支え、育成しなければならない。

コミュニティ・インキュベーションの源になる第一のものが内発的な力である。内発的な力の伝統的なものとして、近隣社会にもとづく町会や自治会、商店会といった地縁コミュニティがある。しかし地縁コミュニティがもともと小さい、または弱くなっている地域では、まず地縁コミュニティの育成について考える必要がある。この地縁コミュニティの育成に成功した事例として、「豊洲5丁目マンション自治会」がある。豊洲5丁目はマンションが建ち並ぶ、東京湾岸地域らしい典型的な地区である。複数のマンション・団地の住民が東京臨海新交通臨海線「ゆりかもめ」の延伸をきっかけとして、2004年から「豊洲5丁目連絡協議会」[12]を設立した。その後イベントの共同開催などを主体的に行い、交流を深めていくことで、2018年から「豊洲5丁目マンション自治会」となって、より強固な地縁コミュニティとなり、また自治体・江東区との関係も強化された。この地縁コミュニティの発展は、豊洲5丁目連絡協議会内部の努力に加え、同時に豊洲地区運河ルネサンス協議会の会員団体となり活動することで、連絡協議会内の交流が活発になっていった[13]。つまり、地域という連絡協議会外との連携が力となり、連絡協議会内という地区レベルの地縁コミュニティが強化されたのである。

また内発的な力の表出として、地縁的なもの以外に、小さな個人レベルの発意によるテーマ型の取り組みがある。「まちづくり未満」[14]とも呼ばれるような個々の小さな活動である。たとえば、中央区月島では、Air B&Bの経営者が月島長屋学校や町会役員との交流を深め、「長屋寄席」といったコミュニティ・イベントを開催している。関心が自己の経営の範囲に留まらず、地縁コミュニティと連携することで内発的な力が強化されてまちづくりの一員へと成長した事例である。

このようなコミュニティ・インキュベーションの事例は、内発的な力と外発的な力が相互に作用する共発的な力[15]の重要性を示している。コミュニティ・インキュベーションにつながる内発的な力の育て方は、これまでのまちづくりの実践的な取り組みと研究のなかで培われ提示されている。[16] 東京湾岸地域では、特に以下のことが強調されよう。第一に、人々のふれあいが生まれる公共空間づくりである。大規模なマンション開発では、公開空地や提供公園といった公共空間が供給されるが、それらの空間は、必ずしも住民に十分に利用されているとはいえない。利用されているとしても、人々のふれあいの場、憩いの場となって積極的に利用されている状況を目指す必要がある。インターネットが普及し、SNSやLINEでの交流は増えているが、人間同士の信頼関係づくりはフェイス・トゥ・フェイスによるところが大きいし、日常の挨拶や会話から生まれるコミュニティはソーシャル・キャピタル[17]ともなるので重要だ。

第二に、マンションの自治会の設立といった能動的な地縁コミュニティの育成である。東京湾岸地域に数多くある大規模なマンションでは、管理組合はあるものの自治会が設立されているものは少ない。それは管理組合の役員には抽選の結果、仕方なくなったという人が多く、能動的に管理組合に参加している人が少ないこと、また住民のなかには様々な考え方をもつ人々がおり、合意形成が難しいことが挙げられる。先に豊洲5丁目マンション自治会の例を示したが、外発的な力やアイデアを取り入れることで、自治会の設立という壁が突破されることを期待したい。豊洲5丁目マンション自治会は、地区内で発生した課題に対応することを目的として、地区内の複数のマンションで連絡協議会というゆるやかな組織を結成し、主体的に活動する人を多く集められることにもなった。そこで連絡協議会でイベント開催などの実績をつくり、少しずつ住民の理解を得て自治会設立の合意形成にいたった。このようなあえて地区レベルに広げての段階的な方法もあるだろう。

第三に、カフェやバー、アトリエ、AirB&B、シェアスペースの設立といった起業を志す若者の入り込める余地をまちのなかに残しておくことである。それは賃貸料が安くなった古い木造の家屋や古くなったマンション・オフィスビル、使われなくなった工場や倉庫が、ゆるやかな新陳代謝のもとでまちのなかに存在しつづけることを意味する。再開発で古い建物が一掃されて真新しいタワーマンションや大規模なショッピングセンターだけになっては、賃貸料が高くなってしまい起業を志す若者が入り込む余地がない。起業心をくすぐる古い建物をリノベーションする、またはコンバージョンすることで、若者の創造的な力が発揮される。それがさらに若者を引きつけて、新たな起業を生み出す連鎖的インキュベーションによるまちづくりである。リノベーション、コンバージョンによる起業は、まずは「まちづくり未満」というような小さな取り組みであるが、それら小さな取り組みが相互にネットワークを形成し、地縁コミュニティとも連携することでまちづくりの一員となっていくのである。

第四に基本的なことだが、既成市街地と再開発地との住民間の軋轢はできるだけ避けたい。いわゆる既存住民が新たなマンション建設に反対するといったマンション紛争である。東京湾岸地域は、人口が増加しているとはいえ、持続可能な都市形成や災害時対応を考えると、既存住民の反対運動を無視してまでも大規模再開発を誘導することは間違いだろう。既成市街地の住人もマンション住民も一緒になったコミュニティ活動が望まれることは、本書「コラム」で佃島と大川端リバーシティ21を事例として示したとおりである。

このような地域のなかに生まれてきた内発的な取り組みをオープンにしてネットワーク、さらに地域の形成につなげていく方法として、「フォーラム」がある。[18] フォーラムとは、「広場」を意味するもので、あるテーマに関して関心のある人々が集う会である。たとえば、2008年に江東区で開催された「江東水辺のまちづくりフォーラム」や、2015年から江東区豊洲で開催されている「KOTO水彩都市フォーラム」はその一例であり、これをきっかけとして新たなネットワーク・コミュニティが形成される。勝どき地区や豊洲地区にあるインターネットのSNS「PIAZZA」もフォーラムの一つといえる。佐藤滋らの『地域協働の科学』[19]では、フォーラムとは「複数の組織や個人が、①自然発生的ではなく活動目的のために集まり、②組織成員間で情報や技術などの資源の出会いや交換を求める場であり、③継続的な活動によって、④共有目的、相互依存などを発生させる機会供与のパートナーシップである」と説明している。

まちづくり拠点も、コミュニティ・インキュベーションの一つの方法である。月島長屋学校は、オープン長屋の開催もあって、多様な人々が出入りして相互に情報交換を行い、また刺激し合うことで新たな活動が生まれている。また、品川区の東海道品川宿地区のまちづくり拠点「品川宿交流館」[20]や江東区の観光・交流拠点「深川東京モダン館」も、まちづくり協議会やボランティアなどの住民が集い、新たな活動やプロジェクトを生み出している。これらの動きは、生活圏にとどまらず関心をもった人々が形成するオープンな「新たなコミュニティ」であり、活動範囲は地域へと広がっている。

ほかにも、民間企業などが地域的な活動を牽引することもある。千代田区から中央区、台東区にかけてリノベーションやコンバージョンを行っている「CET（セントラル・イースト・トーキョー）」[21]という運動体や、下町地区の再開発を含めた活性化に取り組む「イースト・トーキョー」などの活動である。CSR[22]の動きもあるが、このように民間企業を地域に根ざす活動に取り込めるとよい。かつては、地場産業の町工場、個人商店といった事業者が、地縁コミュニティの一員となって地域の運営を行っていた。しかし近年では、地場産業や町工場は衰退し、個人商店も廃業や後継者不在といった状況がある。そこで地区の運営に大手の民間企業が乗り出すエリアマネジメントもあるが、持続可能なまちづくりや地域づくりのためには、大手民間企業と町会、商店会といった地縁コミュニティとが連携することが望ましいだろう。

プラットフォームとアリーナ、地域づくりの体制

まちづくり活動は、同じ指向性のあるグループによる領域が形成されるが、より明確な領域として「プラットフォーム」というまちづくりの用語がある。プラットフォームとは、鉄道駅の乗り場（プラットフォーム）のように、鉄道車輌に乗り合った人々が一つの方向性を共有して活動する状況・組織である。[23] たとえば「亀戸まちのサポーター会議」や「NPO法人江東区の水辺に親しむ会」、「和船友の会」、江東区亀戸・大島・深川などでのカヌー倶楽部は、一つのまちづくり組織であり、プラットフォームでもあると言える。これらの組織は、互いに情報交換し刺激し合うネットワークも形成しつつ、それぞれのプロジェクトである「まち歩き」や「水彩フェスティバル」、「お江戸深川さくらまつり」、週末のカヌー乗船会などを開催している。

東京湾岸地域は、河川や運河といった水域でつながっており、住民や民間事業の活動が広域に展開しやすいという特性がある。河川・運河・水辺の活用はその典型的なものであり、まちづくり組織は、ノウハウの共有により、連携して活動している。舟運事業者も、河川や運河を巡るので、当然のことながら広域に活動が展開する。東京湾岸地域での河川・運河・水辺は、主に東京都港湾局と建設局の管轄となっている。運河ルネサンスや河川法の特例によって利用の規制緩和がされつつあるが、利用を促進するには、まだまだ多くの検討すべき余地が残っている。船着場の利用手続きといった基礎自治体（江東区や中央区など）が管轄する範囲での改善点も多い。そのため、一つ一つの組織が、バラバラに自治体と協議するよりも、連帯して協議する方が交渉の成果も挙げやすいということも、プラットフォームが形成される要因となっている。

自治体との協議となると、プラットフォームによるプロジェクト活動と並行して、新たな活動を担保す

るための政策や施策の決定にかかわる組織とまちづくりの体制が必要となってくる。東京湾岸地域の5地区で活動する運河ルネサンス協議会や、「旧東海道品川宿周辺まちづくり協議会」、「北十間川水辺活用協議会」は、町会や商店会に加えて、NPOや民間事業者も会員となり、プロジェクト活動に加えて、自治体の政策や施策の決定にもかかわり、住民と自治体とを結ぶまちづくりの体制をつくっている。このまちづくり協議会のような組織関係は「アリーナ」と呼ばれる。競技場（アリーナ）でのルールに則った試合のように、ステークホルダー（利害関係者）が集まり政策や施策の内容を議論して決定していく[24]。ここでは単に意見を戦わせ、自治体と交渉するだけではなく、相互の信頼関係づくりも重要なポイントである。

また、まちづくり協議会は、オープンな体制をとることで、まちのなかの個々の小さな取り組みをまちづくりの一つの主体に育てる中間支援組織となり得る。「旧東海道品川宿周辺まちづくり協議会」は、活動地区内の多くの組織の設立を支援し、また協議会メンバーが組織のメンバーに加入している。それによって、地区内の多くの組織が、町会や商店会といった地縁コミュニティと、また品川区といった自治体、また地域を越えた組織との関係づくりができて、まちづくりの体制を形成している[25]。

ローカルとグローバルの融合

コミュニティ・インキュベーションが進み水平方向に展開していくと、まちづくり組織がローカルとグローバルの境界を越えて活動しはじめる。佐藤滋は、この状況を「超グローカル時代」と呼び、様々な地域で超グローカルな地域づくりが進むと述べている[26]。まちづくりの担い手は、団塊世代以降から若い世代へとシフトしつつあるが、これらの世代は、地域をも超えるネットワークをもち国際的な活動経験もある人材が多い。国際的に活躍する女性も増えており、新たな価値観のもとで生活圏のまちづくりを水平展開させる力をもっている。

大学生といった若い世代も国際化が進んでいる。東京湾岸地域に2つのキャンパスをもち、スーパーグローバル大学[27]に選定されている芝浦工業大学も、2017年度には1000人以上の海外留学生を受け入れ、反対に1000人以上の学生を海外へと送り出している。また月島長屋学校では、毎年多くの外国人学生や教員が見学に訪れ、同大学の学生や長屋学校メンバーがまち歩きガイドを行い、様々な意見交換を行っている。外国人にとっても、月島のまちはとても興味深いようであるが、また開発に見舞われている状況もみて、その将来を心配する意見が多い。月島長屋学校のメンバーにとっては、それが刺激になり新たなまちづくり活動が生まれている。

インバウンドと呼ばれている外国人来訪者は急増しており、東京湾岸地域には見所が多いので特に来訪者が多い。また外国人居住者も、都心に近いということで急増している。このような状況を見ると、ローカル化とグローバル化は、決して対立的な概念ではなく、ネットワークが水平方向に展開していった先に両者はあり、これからは一体として考えるべきだろう。明治維新で日本は開国したが、地域づくりについても世界に向けてオープンに考える時代が到来しているといえる。

地域のもつ個性・文脈と地域づくり学

グローバル化といっても、均質な取り組みが世界各地に起こっていくわけではない。世界共通の基準や経済的なマーケットなどは必要かもしれないが、ローカルな現場こそが創造性をもち新たな取り組みや面白いことが始まり、また新規の発明や開発を生み出す。ローカル志向とグローバル志向は、豊かな地域と世界をつくり出すための両輪といってよい。地域の多様性は、その文脈や環境が生み出すもので、個性的で面白く魅力的な地域をつくるためには、その地域の歴史的文脈や環境をよく理解する必要がある。地域のグローバル志向では、本書で解説した「情報地図づくり」「情報地図の解説」「地域情報紙」で示した内容が、地域に関係する人々に共有されるというローカル志向が同時に求められる。地域づくりを行うのは人や組織である。人や組織の内発性や創造性は、地域の歴史的文脈や環境に触発されて、新しいアイデアや活動が生まれ活発化する。人々がまち歩きや情報地図づくりによって、地域と向き合うという行為「学習」こそが地域づくりの重要な第一のステップとなる。広井良典は『ポスト資本主義社会』[28]のなかで「『ローカル＝個別的・地域的』と『ユニバーサル＝普遍的・宇宙的』の両者を橋渡しするのが『グローバル＝地球的』であり、すなわちそれは、地球上の各地域や文化の多様性に大きな関心を向けつつ、同時にそうした多様性がいかにして生成、展開したかを、その背景や構造までさかのぼって理解するような思考の枠組みに他ならない」と述べている。またさらに「地球上のそれぞれの地域のもつ個性や風土的・文化的多様性に一次的な関心を向けながら、上記のようにそうした多様性が生成する構造そのものを理解し、その全体を俯瞰的に把握していくことが本来の『グルーバル』であるはずだ」と述べている。地域づくりとグローバル化は表裏一体の関係なのだ。

地域づくりでは、水平方向に広がってグローバルにまで考える必要があるとすると、それは余りにも大きな命題である。今和次郎は、「現代の都市人の生活を対象とした方法と技術の学が『考現学』である」[29]と説明した。前例のない都市化が進む東京湾岸地域では、「現代」と「現場」を見つめるとともに、それを未来へとつなげるための方法と技術を考えていく必要があろう。地域という広大な空間だからといって人間的な視点が欠如してはいけない。人間的かつ内発的な力をいかに地域へと広げ、内発的な力による取り組みが多元的かつ重層的なネットワーク・コミュニティへと展開することで少しずつまちと地域の改善が進んでいく「メイキング・ベター・プレイス」[30]という「一つの最高なものよりも、よりよいものを少しずつ積み重ねていく」という発想が地域づくりでも必要である。野球にたとえると、走者を一掃するホームランよりも、ヒットでつないで勝利するチームづくりを目指すのだ。ホームランは一時的な効果は高いが、それゆえにコミュニティを壊してしまう恐れがある。ヒットをつなぐ方が、コミュニティを壊すことなく持続可能な効果を生み出す。「チームづくり」「まちづくり」と同様で、地域というスケールの大きな空間であっても、丹精込めて育て・つくるという考え方「地域づくり」が大切なのだ。また魅力的で居心地のよい地域をつくるには、刻々と変わる状況に対応して考え行動し、地域から学び、実践とフィードバックから学んでいく必要がある。そのような果てしなく完成することない作業・運動体という意味を込めて「地域づくり学」を本書は掲げた。

おわりに

私は、2003年春から芝浦工業大学建築学科の教員を務めている。メインキャンパスは、当時、東京都港区芝浦にあったが、すでに江東区豊洲に移転することが決まっていた。正直なところ、東京湾岸地域の中央区月島にある自宅からほど近い職場に通えるというのが、同大学の教員職に応募した大きな理由だった。教員に採用していただき、もう15年もこの大学で教鞭を執っていることは、ありがたく思っている。

職住近接ということだけではなく、私の専門分野である「まちづくり」では、大学の地域貢献がまちづくりの一つの方法になっている。つまり大学のまちづくりとホームタウンのまちづくりを一体として取り組めるという極めて恵まれた研究生活をおくることができていることは本当にありがたいと思っている。

着任当時、芝浦工業大学建築学科の主任だった三井所清典先生（名誉教授、アルセッド研究所代表）は、私が構える研究室の名称を「地域デザイン研究室」とすでに決められていた。「まちづくり研究室」かと考えていた私は当初戸惑ったが、三井所先生は「地域づくり」が、まちづくりを超えたものとして重要になると、すでに見通されていたのである。

本書は、15年にわたる「地域デザイン研究室」の東京湾岸地域における研究成果をまとめたものであり、研究室にこれまで在籍した約150名に及ぶ学生たちのエネルギーの集大成となった。歴史的文脈の解読、地域デザインの解読と仕組みの解明、まちづくりの提案と実践など多岐にわたる成果の蓄積が「地域づくり学」をかたちづくることになった。また、まちづくりの研究の真骨頂はフィールド活動にあるが、研究者や学生たちだけでは論文は書けても、実際のまちづくりは進まないし、本当の意味でのまちづくりの研究はできない。月島では月島長屋学校メンバーとの協働、豊洲では豊洲地区運河ルネサンス協議会の方々との協働によって成果を挙げることができている。ほかにも、江東区や中央区、港区などで活動しているNPOの市民の方々、また自治体や企業の方々、そして芝浦工業大学の職員の方々との協働が大きい。皆様に深く感謝申し上げるとともに、とても多くの方々となるためにお名前を挙げることができない失礼をお許しいただきたい。

本書の執筆は、蓄積されてきたコラムを編纂したいと、「りんかいBreeze」「Brisa」編集長の石原恵子さんに相談したことに始まった。企画を練るなかで、ほかの書籍出版でお世話になっていた鹿島出版会の渡辺奈美さんにご相談した結果、東京湾岸地域における「地域デザイン研究室」の研究成果をまとめることになっていった。お二人には、やっかいな相談にもかかわらず、真摯に対応していただき本当に感謝申し上げたい。

恩師である佐藤滋先生（早稲田大学名誉教授）には、私が東京湾岸地域に研究拠点を構える道筋をつけていただき、また地域づくり学の方法と技術について多くのご示唆をいただいた。心から感謝申し上げる次第である。

本書は、2020年の東京オリンピック・パラリンピック競技会後も人々に読みつづけていただきたいと思っているが、「オリンピック・レガシー」というひと言で終わらず、「地域づくり」が東京湾岸地域と日本各地で実際に進展していくことを祈っている。

2018年8月　志村秀明

注釈

CHAPTER 1

1 たとえば、佐藤滋は参考文献31所収の「まちづくりの2045年を見通す」で同様のことを述べている。
2 参考文献65を参照。
3 参考文献1などが契機となり、様々な地域で取り組まれている。
4 陣内秀信らは「法政大学　江戸東京研究センター」を立ち上げている。また参考文献8を参照。
5 たとえば参考文献18、21、50、51などがある。
6 参考文献1、59などがある。
7 参考文献38
8 参考文献39
9 参考文献40
10 参考文献51
11 参考文献2
12 参考文献22を参照。
13 参考文献25を参照。
14 参考文献3
15 参考文献81
16 参考文献66を参照。
17 参考文献23を参照。
18 参考文献30を参照。
19 参考文献80を参照。
20 参考文献83を参照。
21 参考文献28
22 本書8章で詳述している。
23 インターナショナリズムなどと呼ばれる合理性・機能性を追求した開発中心の都市計画については、多くの専門家がその弊害を指摘している。たとえば参考文献45を参照。

CHAPTER 2

1 参考文献12を参照。
2 江東区大島1丁目から4丁目までの範囲のまちづくり方針を策定するために、まちづくり協議会を組織してまちづくり提案の作成を行った。2017年度に計3回のワークショップを開催した。
3 中村昌広氏が考案した。参考文献15　122～124頁参照。
4 参考文献35
5 2014年度のスーパーグローバル大学創成支援事業に採択された大学のことである。タイプA「トップ型」とタイプB「グローバル化牽引型」の2つがあり、芝浦工業大学はタイプBに採択された。
6 米国カリフォルニア大学バークレー校環境デザイン学部建築学科のDana Buntrock教授などである。

CHAPTER 3

1 参考文献35

2 本書では『月島 再発見学』の2〜6章から抜粋し、再構成している。また勝どき・豊海・晴海に関する記述を追加している。

3 参考文献14を参照。

4 参考文献6、55を参照。

5 参考文献76を参照。

6 参考文献60を参照。

7 参考文献55 68頁を参照。

8 佃1丁目在住の櫻木龍吉氏へのインタビューによる。

9 参考文献56

10 参考文献7を参照。

11 参考文献55 20頁を参照。

12 参考文献55 8頁を参照。

13 参考文献55 136頁を参照。

14 参考文献55 122頁を参照。

15 参考文献42

16 参考文献52、57を参照。

17 参考文献26、33を参照。

COLUMN

1 参考文献36から抜粋した。

2 櫻木龍吉氏（佃1丁目町会役員）と中澤優氏（佃1丁目町会役員、佃島盆踊保存会役員）に2013年11月18日などに、中村精一氏（佃島小学校副校長）、稲川健二氏（リバーシティ自治会役員）、繁澤藤子氏（佃島小学校PTA役員）に2013年11月25日に、太田太氏（コーシャタワー自治会役員）に2013年12月5日にそれぞれヒアリング調査を実施した。

3 参考文献52

CHAPTER 4

1 建築史研究者の藤森照信が命名した。

2 日米和親条約と日米修好通商条約

3 トーマス・ウォートルス。1842年アイルランド生まれ。

4 参考文献72を参照。

5 参考文献71を参照。

6 参考文献16

7 参考文献60を参照。

8 参考文献64を参照。

9 参考文献41を参照。

10 月島一丁目在住の元大工・塚田基八郎氏へのインタビュー調査による。

11 参考文献16、49を参照。

12 参考文献43

13 参考文献11

14 NHK連続テレビ小説「瞳」はNHK総合で2008年4月から9月まで放送された。

15 参考文献75を参照。

注釈

16 現在の国立研究開発法人 水産研究・教育機構 中央水産研究所である。

17 参考文献63を参照。

18 燃焼室上部にある半球状部分を加熱して混合気を着火させる仕組みのエンジンのことで、このエンジンを搭載した船は「ポンポン」というエンジン音がしたことからポンポン船と呼ばれた。

19 参考文献10 22〜23頁を参照。

20 参考文献4を参照。

21 参考文献82

22 参考文献77

23 ル・コルビュジエによる一連の集合住宅の作品。

24 参考文献47 227〜231頁を参照。

25 月島三丁目在住だった成澤敏枝さん（故人）へのインタビュー調査による。

CHAPTER 5

1 参考文献65 78〜81頁を参照。

2 「福島県二本松市竹田根崎竹根通り沿道地区の景観まちづくり」で受賞した。参考文献85を参照。

3 参考文献37を参照。

4 http://www.tamamati.com/ 参照

5 http://www.setagayatm.or.jp/trust/map/ie/index.html参照

6 http://fujinokisanchi.com/ 参照

7 「地（知）の拠点整備事業」の初年度2013年に、東京23区の大学で唯一採択された。

8 参考文献70を参照。

9 本書4章「月島式住宅 リノベーション長屋・コンバージョン長屋 価値の活用」を参照。

10 参考文献9を元に構成した。

11 芝浦工業大学の学生が月島地区のまち歩きガイドで使用している。英語版と日本語版があり、いずれも2016年8月に完成した。18頁からなる。日本語版の「全体構成と目次」のみ月島長屋学校ウェブサイト http://www.tsukishima.arc.shibaura-it.ac.jp/?page_id=454で公開している。

12 参考文献9を元に再構成した。

13 参考文献27を元に再構成した。

CHAPTER 6

1 参考文献65 37頁を参照。

2 参考文献65 36頁を参照。

3 参考文献65 37〜38頁を参照。

4 東京都港湾局運河ルネサンスウェブサイト http://www.kouwan.metro.tokyo.jp/kanko/runesansu/ を参照。

5 参考文献13を参照。

6 参考文献73を元に再構成した。

7 参考文献17を参照。

8 この運河の脇に東京電力新東京火力発電所が1984年まであった。そのことから「東電堀」と呼ばれている。

9 NPO法人江東区の水辺に親しむ会や豊洲地区運河ルネサンス協議会が中心となり、KOTO水彩都市フォーラム実行委員会を組織している。

10 参考文献5を元に再構成した。

11 国土交通省「河川敷地占用許可準則の一部改訂について」http://www.mlit.go.jp/river/hourei_tsutatsu/riyou/kasen_riyou/kyoka/index.htmlを参照。

CHAPTER 7

1 「りんかいBreeze」発行：りんかいBreeze編集室 臨海副都心新聞販売、「Brisa」発行：ASA豊洲

2 参考文献48を参照。

3 参考文献6を参照。

4 参考文献54を参照。

5 由来については別の説もあるが、ここでは町会長からお聞きしたとおりのことを書いた。

6 豊洲商友会理事長へのインタビューにもとづく。また参考文献84を参照。

7 山本憲司氏へのインタビューにもとづく。また参考文献79を参照。

8 東京電力株式会社へのインタビューにもとづく。また参考文献58を参照。

9 参考文献20、53、54を参照。

10 参考文献20を参照。

11 参考文献20を参照。

12 参考文献55を参照。

13 参考文献32を参照。

14 東京湾岸警察署ウェブサイトhttp://www.keishicho.metro.tokyo.jp/about_mpd/shokai/ichiran/kankatsu/tokyowangan/about_ps/syokai.html及び参考文献55を参照。

15 東京都都市整備局ウェブサイト http://www.toshiseibi.metro.tokyo.jp/kiban/brt/index.htmlを参照。

16 参考文献46を参照。

17 参考文献19を参照。

CHAPTER 8

1 参考文献34から引用。

2 江東区門前仲町に近い大横川の黒船橋船着場および石島橋などを会場として、深川観光協会などが主催し毎年開催している。

3 江東区立大島中学校を拠点校として活動している。

4 参考文献62を元に再構成した。

5 参考文献67を元に再構成した。

6 深川門前仲町地区の町会役員や商店会、観光ボランティア、住民有志、NPO法人からなる。

注釈

7 参考文献74を参照。

8 参考文献61を参照。

9 参考文献44を参照。

10 参考文献78を参照。

11 参考文献31 295頁を参照。

12 豊洲5丁目連絡協議会は、5マンションと1団地が会員となり設立した。豊洲五丁目マンション自治会は3マンションが会員となっているが、残りのマンション・団地も自治会と連携を続けている。豊洲五丁目マンション自治会会長へのインタビュー調査にもとづく。

13 本書6章を参照。

14 参考文献31 第2章を参照。

15 参考文献24 序章を参照。

16 参考文献31、65を参照。

17 人間関係資本、社会関係資本のこと。人々の協力を推進することで地域的な問題の解決を促すもの。

18 参考文献29 87〜89頁を参照。

19 参考文献29

20 品川区が所有する建物で、「旧東海道品川宿周辺まちづくり協議会」が管理・運営している。まちづくり活動の拠点となっている。http://k-shina.com/kouryu.htmlを参照。

21 東京都心から東側の地域において、既存建物のリノベーション・コンバージョンによって空室・空テナントの活用を促進しようとする多様な組織による運動体。

22 Corporate Social Responsibilityの略で、企業の社会的責任を意味する。

23 参考文献29 90〜91頁を参照。

24 参考文献29 90〜91頁を参照。

25 参考文献78を参照。

26 参考文献31 300頁を参照。

27 2014年度のスーパーグローバル大学創成支援事業に採択された大学のことである。タイプA「トップ型」とタイプB「グローバル化牽引型」の2つがあり、芝浦工業大学はタイプBに採択された。

28 参考文献69

29 参考文献25を参照。

30 参考文献68を参照。

参考文献

1 赤坂憲雄『東北学／忘れられた東北』講談社学術文庫、二〇〇九
2 赤坂憲雄、鶴見和子『地域からつくる 内発的発展論と東北学』藤原書、二〇一五
3 赤瀬川原平『路上観察學入門』ちくま文庫、一九九三
4 赤沼大暉「江東湾岸地区の市街地形成に関する研究—東京都江東区豊洲・有明、中央区晴海を対象として—」芝浦工業大学建築学科卒業論文、二〇一五
5 赤沼大暉・萩野正和・志村秀明「水辺公共空間の活用を促進するための運営に関する研究—東京都隅田川流域と湾岸地域における実態を対象として—」日本都市計画学会『都市計画研究論文集』、二〇一八、Vol.53、No.1、27～38頁
6 石川島重工業株式会社社史編纂委員会編『石川島重工業株式会社１０８年史』石川島播磨重工業株式会社、一九六一
7 石井きんざ『その昔佃島漁師夜話』一九八九
8 小木新造、陣内秀信他編『江戸東京学事典』三省堂、一九八七
9 賈亦楊「大学と地域が連携するまちづくりハウスの運営方法に関する研究—月島長屋学校におけるオープン長屋の取り組み」芝浦工業大学大学院建設工学専攻修士論文、二〇一七
10 金子千秋、福島あずみ他編集・執筆『中央区のあゆみ —戦後の発展とまちの変化—』中央区教育委員会 中央区立郷土天文館、二〇一七
11 雁屋哲『美味しんぼ』第一巻、小学館、一九八五、
12 川喜田二郎『ＫＪ法』中央公論社、一九八六
13 川島優太「地区協議会による水辺・運河活用の方法に関する研究—運河ルネッサンス協議会を事例として」芝浦工業大学大学院建設工学専攻修士論文、二〇一六
14 川端康成『伊豆の踊子』金星堂、一九二七
15 木下勇『ワークショップ』学芸出版社、二〇〇七
16 京橋月島新聞社編『月島発展史』京橋月島新聞社、一九四〇
17 倉形星里奈「江東運河クルーズの魅力ガイドの開発に関する研究 —学生ガイドの取り組みを通じて—」芝浦工業大学建築学科卒業論文、二〇一五
18 県民学研究会編『思わず人に話したくなる 長野学』洋泉社、二〇一三
19 興津要編『古典落語』講談社、二〇〇二
20 江東区編『江東区史』江東区、一九九七
21 國學院大學研究開発推進センター渋谷学研究会編著、石井研士『渋谷学』弘文堂、二〇一七
22 後藤春彦監修『まちづくり批評、クリティーク』ビオシティ、二〇〇〇
23 後藤春彦「生活景とは何か」日本建築学会編『生活景』学芸出版社、二〇〇九
24 後藤春彦編著『無形学へ』水曜社、二〇一七
25 今和次郎『今和次郎集第一巻 考現学』ドメス出版、一九七一
26 櫻木龍吉『佃島マップ』二〇一〇

参考文献

27 佐藤広彩「まちづくりイベント「こどもみちおえかき」手法の開発に関する研究―月島長屋学校での取り組み」芝浦工業大学建築学科卒業論文、二〇一八

28 佐藤滋『まちづくりデザインゲーム』学芸出版社、二〇〇五

29 佐藤滋『地域協働の科学』成文堂、二〇〇五

30 佐藤滋『図説 城下町都市』鹿島出版会、二〇一五

31 佐藤滋他編『まちづくり教書』鹿島出版会、二〇一七

32 佐藤正夫『品川台場史考』理工学社、一九九七

33 佐原六郎『佃島の今昔』雪華社、一九七二

34 志村秀明・川名優孝・野知菜穂美「高度経済成長期以降の江東内部河川・運河の利用に関する研究」『芝浦工業大学研究報告理工系編』第五八―二号、二〇一五、63~72頁

35 拙著『月島 再発見学 まちづくり視点で楽しむ歴史と未来』アニカ、二〇一三

36 拙著「文化を受け継ぐ低層の街並みとタワーマンション群―佃島と大川端リバーシティとの住民間交流」『日本都市計画学会都市計画論文集』三〇七号、二〇一四、56~61頁

37 白井和宏他『社会運動』No.428、ほんの木、二〇一七

38 陣内秀信『東京の空間人類学』ちくま学芸文庫、一九九二

39 陣内秀信『東京―世界の都市の物語』文藝春秋、一九九二

40 陣内秀信『水都学I、II、III、IV、V』法政大学出版局、二〇〇三~二〇〇六

41 鈴木成文『「いえ」と「まち」―住居集合の論理』鹿島出版会、一九八四

42 関谷耕一『生活古典叢書第6巻 月島調査』光生館、一九七〇

43 草隆社編『東京銭湯マップ』東京都公衆浴場業環境衛生同業組合、一九九四

44 外山裕太「現地・原寸ワークショップ手法の開発に関する研究―東京都墨田区北十間川周辺地区での取り組み」芝浦工業大学建築学科卒業論文、二〇一八

45 田村明『まちづくりの実践』岩波新書、一九九九

46 丹下健三研究室編『東京計画1960 その構造改革の提案』丹下健三研究室、一九六一

47 中央区・中央区女性史編さん委員会編『中央区女性史 聞き書き集』ドメス出版、二〇〇七

48 津金澤聰廣、山本武利総監修、加藤哲郎監修・解説、増山一成解説・解題『復刻版近代日本博覧会資料集成 近代日本博覧会資料・紀元二千六百年記念日本万国博覧会』国書刊行会、二〇一五

49 月島地区100周年実行委員会編『月島百年史』月島地区100周年実行委員会、一九九三

50 帝京大学文学部社会学科「多摩学」執筆委員会『多摩学』学文社、二〇一五

51 戸沼幸市編著『新宿学』紀伊國屋書店、二〇一三

52 東京都教育委員編『中央区佃島地区文化財調査報告』東京都教育庁社会教育部文化課、一九八四

53 東京都港湾局編『図表でみる東京臨海部』東京都港湾振興協会、一九八七
54 東京都港湾局他編『東京港史』東京都港湾局、一九九四
55 東京都中央区立京橋図書館『中央区沿革図集 月島篇』東京都中央区立京橋図書館、一九九四
56 東京都中央区立京橋図書館『佃島年表』東京都中央区立京橋図書館、一九六六
57 東京都中央区教育委員会社会教育課文化財係編『中央区の木造建造物 中央区文化財調査報告書第2集』中央区教育委員会、一九九三
58 東京電力『東京電力三十年史』東京電力株式会社編、一九八三
59 東北芸術工科大学東北文化研究センター『季刊 東北学』柏書房、二〇〇四年一一月〜二〇一二年二月
60 内藤昌『江戸と江戸城』鹿島出版会、一九六六
61 永井健太郎「新規小規模事業者のネットワークによる連鎖的建物開発に関する研究—東京都台東区蔵前地区を事例として」芝浦工業大学大学院建設工学専攻修士論文、二〇一六
62 納谷和考・志村秀明・赤堀弘幸・黒崎かをる・島田修佑・松島裕司「大学文化センターとの連携講座による地域資源単語帳の開発」『日本建築学会技術報告集』第三二号、日本建築学会、二〇一〇、315〜320頁
63 難波匡甫『江戸東京を支えた舟運の路』法政大学出版会、二〇一〇
64 西村幸夫『路地からのまちづくり』学芸出版社、二〇〇六
65 日本建築学会『まちづくりの方法』丸善、二〇〇四
66 日本建築学会編『建築・都市計画のための調査・分析方法』、二〇一二
67 野知菜穂美・倉持康平・志村秀明「小学校・大学・住民の連携による「まちのカルタづくりワークショップ」の開発」『日本建築学会技術報告集』第四四号、日本建築学会、二〇一四、317〜322頁
68 パッティ・ヒーリー著、後藤春彦監訳・村上佳代訳『メイキング・ベター・プレイス』鹿島出版会、二〇一五
69 広井良典『ポスト資本主義』岩波書店、二〇一五
70 福井喜子、野嶋慎二「学生と商店街との連携による地域交流拠点「たわら屋」」『日本建築学会大会学術講演梗概集 近畿』日本建築学会、二〇〇五、9〜12頁
71 藤森照信監修『東京都市計画資料集成 明治・大正篇』第四巻・第七巻、本の友社、一九八七
72 藤森照信『明治の東京計画』岩波書店、一九九〇
73 細田渉・澤野朋・志村秀明「まちづくり協議会が主体となる「船カフェ」の実践」『日本建築学会技術報告集』第四一号、日本建築学会、二〇一三、303〜308頁
74 松尾夏奈「公共空間としての川床の創出方法に関する研究—東京都江東区清住白河での社会実験を事例として」芝浦工業大学建築学科卒業論文、二〇一八

参考文献

75 松原なつみ「牛嶋神社の氏子とまちづくりの組織に関する研究」芝浦工業大学建築学科卒業論文、二〇一七

76 三浦昇『江戸湾物語』PHP研究所、一九八八

77 三島由紀夫『鏡子の家』新潮文庫、一九六四

78 守屋圭那「まちづくり協議会を中心とした多様な主体によるまちづくりに関する研究―東京都品川区旧東海道品川宿周辺地域を事例として―」芝浦工業大学大学院建設工学専攻修士論文、二〇一八

79 山本憲司『開いててよかった！セブンイレブン一号店物語』、二〇一四

80 谷根千工房『ベスト・オブ・谷根千』亜紀書房、二〇〇九

81 ヤン・ゲール著、鈴木俊治他訳『パブリックライフ学入門』鹿島出版会、二〇一六

82 吉本隆明『背景の記憶』平凡社、一九九九

83 ローレンス・ハルプリン『PROCESS ARCHITECTURE』No.4、プロセス・アーキテクチュア、一九七八

84 『豊洲商友会創立50周年記念誌』豊洲商友会協同組合編、二〇〇〇

85 「福島県二本松市竹田根崎 竹根通り沿道地区の景観まちづくり パンフレット」竹田根崎まちづくり振興会議・芝浦工業大学志村研究室、二〇一五

著者略歴

志村秀明（しむら・ひであき）

芝浦工業大学建築学部教授／１９６８年東京都生まれ。専門は、まちづくり、市民参加、都市計画。北海道大学工学部土木工学科および熊本大学工学部建築学科卒業、安井建築設計事務所勤務を経て、早稲田大学大学院修士課程・博士課程修了、早稲田大学理工学部建築学科助手、芝浦工業大学工学部建築学科助教授・准教授を経て、２０１１年より現職。博士（工学）、一級建築士。日本建築学会奨励賞（２００６年度）、福島県二本松市竹田根崎竹根通り沿道地区で、都市景観大賞・都市空間部門・優秀賞（２０１５年）受賞。主な著書に『まちづくりデザインゲーム』（共著、学芸出版社、２００５）、『月島再発見学』（アニカ、２０１３）、『まちづくり教書』（共著、鹿島出版会、２０１７）、『建築・まちづくり学のスケッチ』（花伝社、２０２１）

東京湾岸地域づくり学
日本橋、月島、豊洲、湾岸地域の解読とデザイン

二〇一八年一〇月一〇日　第一刷発行
二〇二二年四月二〇日　第二刷発行

著者　志村秀明
発行者　坪内文生
発行所　鹿島出版会
〒一〇四―〇〇二八　東京都中央区八重洲二―五―一四
電話〇三―六二〇二―五二〇〇
振替〇〇一六〇―二―一八〇八八三

印刷・製本　壮光舎印刷
装幀・組版　北田雄一郎

ISBN 978-4-306-07346-3 C3052

本書の内容に関するご意見・ご感想は左記までお寄せ下さい。
URL: https://www.kajima-publishing.co.jp/
e-mail: info@kajima-publishing.co.jp